수학의
감각

수학의 감각

박병하 지음

지극히 인문학적인 수학 이야기

행성B

  4차 산업혁명 시대다. 정확히 말하자면 4차 산업혁명이라는
말이 유행하는 시대다. 그것이 무엇인지 어떤 사람은 알았다고 미
소를 짓고 어떤 사람은 몰라 불안해한다. 어떤 사람은 이끌고 어
떤 사람은 좇는다. 곰곰 생각하면 모호한 말이지만 4차 산업혁명
이라는 말에 누군가는 배불러하고 누군가는 배고파한다.

  좋다. 이름이 뭐든 빠르게 변화하는 시대라는 건 분명하다. 이
런 세상에 적응하기 위해 사람들은 지혜와 방법을 찾는다. 나는
수학도 그 역할을 할 수 있다고 믿는다. 수학 하면 공식과 계산 기
술만 떠올리는 사람들은 갸웃할지 모르겠지만 말이다. 나 역시 젊
은 시절엔 그랬다. 그러나 인문사회학에서 수학 세계로 '이민'을
가고 수학 세계에 적응하면서 그런 생각이 바뀌어 갔다. 마침내
수학과 인문학이 맞닿아 있다는 생각에까지 이르렀다. 물론 한편
으로는 경계도 해야 할 생각이다.

대철학자 칸트는 수학을 순수한 이성의 학문으로 여겼다. 내가 수학 공부를 한 모스크바 대학교도 그런 입장이었다. 수학을 인문학과 연결 짓는 것 자체를 몹시 꺼렸다. 수학은 수학이다, 그런 공기를 마시고 살아선지 수학 공부를 하는 동안에 나도 그런 관점을 견지했다.

하지만 서당 개 삼 년이면 풍월을 읊는다고 공부해 놓은 인문사회학 뿌리가 완전히 뽑히지는 않았다. 규율에 따라 하던 공부를 마치고 귀국해 혼자 수학을 공부하니 스멀스멀 옛 버릇이 나오기 시작했다. 그러다 결국 이렇게 되었다. '수학은 정밀과학이면서 인문학이야. 정말 놀라워, 놀랍다니까!'

수학 이민자의 자아도취에서 비롯된 호들갑은 아니다. 소크라테스도 거듭 말했다. 혼이 살아 있는 인간이 되려면 수학을 공부하라고, 진정한 지도자를 양성하려면 수학 공부를 전면에 배치하라고. 인류 문명이 여기까지 오는 데 수학이 얼마나 결정적인 기여를 했는지도 돌아봐야 한다. 수학이 과학에 기술과 언어만 제공했을까. 수학은 연역적 사유 방식의 결정체다. 그 사유 방식과 문제를 던지고 해결해 가는 힘이 과학을 떠받들어 주었을 것이다.

서문이니, 너무 나가지는 말자. 각설하고, 적어도 나에게 수학은 삶의 지혜를 가르쳐 준 마력을 가진 학문이었고, 그 깨달음을 엮은 것이 2009년에 출간된 《수학 읽는 CEO》였다. 《수학의 감각》은 《수학 읽는 CEO》 내용을 다시 정리하고 다듬은 것이다. 인문학적 메시지가 강한 글 위주로 모았다. 4차 산업혁명이라는 유령이 떠돌고 있는 지금이야말로 수학이 제 빛을 내리라고 나는 믿는다. 그래서 끝으로 이렇게 말하고 싶다.

"수학은 오래된 미래다."

차례

안 된다는
생각이 가능성을
밀쳐 낸다

1장

무한으로
상상하기

몇 년 전 영국의 한 대학에서 엉뚱한 실험을 했다. 실험 주인공은 원숭이 6마리였고, 실험의 목적은 원숭이들이 거의 무작위로 쳐 대는 글자에서 의미 있는 문장이 얼마나 나오는지 보는 것이었다. 이 황당한 실험은 현대 문학의 대가 보르헤스가 20세기 초반에 쓴 수필 〈전체 도서관〉에서 비롯되었다. 그 글에서 보르헤스는 원자들이 우연히 결합돼 세상 만물이 탄생했다는 관점에 착안해, 무한의 시공간에서 원숭이 6마리가 우연히 타자기를 쳐 대도 대영도서관의 모든 책을 다 써 낼 수 있다고 상상한다. 누군가는 '말도 안 돼!'라고 단정할 수 있다. 하지만 이런 태도는 상상의 공간을 좁혀고 문제를 어렵게 보도록 만든다. 반면 보르헤스처럼 무한을 과감히 도입하면 풍성한 열매를 손에 쥘 수 있다. 상상이 수필로, 수필에서 단편 소설 〈바벨의 도서관〉으로 이어졌으니 말이다.

상상에 무한을 '모셔' 오면 무한의 괴력을 빌려 올 수 있다. 무한은 작렬하는 태양처럼 어떤 제약 조건도 녹여 버리기 때문이다. 문제가 생기면 제약 조건이 완전히 사라진, 툭 트인 상상의 공간에 서서 먼저 그 문제가 해결 가능하다는 확신을 갖고 시작해 보라.

인식 가능한 수 너머로

아주 오랜 옛날에는 하나, 둘을 세고 그래도 무엇이 더 있으면 그것이 몇 개든 '엄청나게 많다'는 범주에 넣어 버렸다. 그렇다고 해서 선조들이 2개라는 한계에 영영 갇혀 있지는 않았다. 생활하면서 필요해서 혹은 상상의 힘으로 안개를 헤쳐 가면서 점점 큰 수를 만들어 냈다. 큰 수를 생각한다는 것은 더 많은 것을 분별할 수 있다는 뜻이기도 하다. 인식의 범위 너머 수까지 헤아린다는 것은 '그만큼'을 다른 정도와 분별한다는 뜻이기 때문이다. 어이없는 추정이 아니다. 이전의 누구도 생각 못한 큰 수를 생각한다는 것 자체가 성인과 천재의 증거 중 하나였다.

젊은 시절 붓다는 수영, 씨름같이 힘쓰는 경기와 글쓰기같이 지식을 견주는 경기를 두루 치르고 나서 최종적으로 큰 수 말하기라는 경기에 임했다. 그 자리에서 1 다음에 0이 53개나 나오는 수를 세고 '탈락차나(10^{53})'라고 명명함으로써 경쟁자들이 고개 숙이게 했다. 1 다음에 0이 400개가 넘는 수를 말했을 때는 시험 감독관들까지 그 앞에 무릎을 꿇었다. 붓다는 이 수가 헤아림의 마지막이며 그것은 천상천하에서 오로지 자신만 알고 있노라고 당당히 선언했다.

서양에도 이런 거인이 있었다. 인류 역사상 최고 천재의 반열에 오른 아르키메데스다. 그는 지구를 채울 엄청난 모래알의 수를 말하고 한 단계 한 단계 더 높여 가다 마침내 우주를 가득 채울 만큼의 모래알 수를 말해 왕을 포함한 주위 사람들을 놀라게 했다. 십진법을 쓰는 지금 숫자 체계로 하면 그 수는 1 다음에 0이 63개쯤 되는 것으로 당시 그리스의 숫자로는 표현이 불가능했다. 이렇게 큰 수를 상상하고 분별하고 말로 나타냈다는 것이 그가 거인이라는 증거였다.

지금의 인류 또한 극대 세계와 극미 세계를 수로 나타내며 인식 영역을 확장해 가고 있다. 숫자 표기법이 좋아져 현대인은 옛날 같으면 성인이나 천재도 엄두 못 낼 큰 수를 자유자재로 쓴다. 우주에 있는 원자가 모두 10^{80}개 정도고 사람 몸은 10^{28}개 정도의 원자로 흩날릴 수 있다고 말하면 '아니 그것밖에 안 돼요?'라고 할 정도다. 원자가 그렇게 적은 게 아니라 10^{80}이 큰 수라는 것을 간과하기 때문이다. $10^9 m^3$라고 쓴 것을 보면서 아무 느낌을 갖지 않는 것과 그것이 가로, 세로, 높이 $1km$ 정도의 부피고, 그것은 기아로 고생하는 아이 10억 명에게 전달할 먹을거리가 담긴 $1m^3$의 상자들을 채울 수 있는 거대한 컨테이너 크기라고 상상하는 것과는 차원이 다른 일이다. '호랑이'라는 글자를 보는 것과 호랑이를 상상하고 만지는 것은 차원이 다른 것처럼.

인류가 언어를 쓰면서 음감이 퇴화했다고 진화론자들이 주장하듯이 우리는 편리한 수 표기법 때문에 '수감(數感)'을 오히려 잃고 있는지도 모른다. 큰 수를 상상의 재료로 쓰려면 그것의 실체를 느끼고 상상하는 것이 필요하다. 무한을 초청하기 위해서도 큰 수의 실체를 똑똑히 보고 곰곰이 깊이 생각할 필요가 있다.

무한은 큰 수의 연장이 아니다

———

우리는 무한에 대해 무엇을 알고 있을까? 1, 2, 3, …을 세어 가다가 10^{10} 같은 큰 수를 거쳐 10^{100}, $10^{100^{100}}$처럼 어떤 현실적인 상상도 무력하게 하는 것을 무한이라고 여길 수 있다. 이때 무한은 어떤 큰 수보다 더 큰 수 그리고 그렇게 되어 가는 과정이 된다. 그런 관점이 절대적으로 잘못되었다고 말할 생각은 없다. 그렇지만 이런 생각만으로 충분하지 않다는 것을 아는 데는 시간이 그리 오래 걸리지 않는다. 실험을 하나 상상해 보자.

하루 일과를 마치고 자정이 되기 한 시간 전에 나는 몸을 풀 겸 탁구장에 들어섰다. 탁구공이 무한히 많이 있어서 내가 즐겨 가는 곳이다. 마침 함께 탁구 칠 친구가 먼저 와 있다. 그는 나보다 탁구를 잘 친다. 몸이 풀릴 만큼 연습을 하고 나니 자정이 임박했다. 딱 1분 남았을 때 나는 스트레스를 말끔히 씻어 낼 운동을 그와 함께 시작한다. 그가 공을 동시에 2개 넘기면 그중 하나를 내가 받아넘기는 것으로, 고도의 집중력과 엄청난 스피드를 필요로 하는 운동이다. 이 탁구장에만 오면 그랬듯이 그와 나의 동작은 무한히 빠르다.

- 자정 1분 전: 그가 공 2개를 동시에 넘겼다. 공은 오는 듯 마는 듯 매우 느렸고 망을 넘어오는 데 30초가 걸렸다. 나는 그중 하나를 받아넘겼다. 진땀이 났다. 남은 공 하나가 내 앞에 둥둥 떠 있다.
- 자정 30초 전: 그가 다시 공 2개를 넘겼다. 이번엔 15초 만에 왔고 그동안 나는 떠 있던 공 하나를 쳐 냈다. 방금 받은 공 2개는 떠 있다.
- 자정 15초 전: 그는 다시 공 2개를 넘겼고, 나는 떠 있는 공 중 하나를 넘겼다.
- 자정 7.5초 전, 자정 3.75초 전….

이 기괴한 한밤의 탁구공 놀이는 2배씩 점점 빨라지고 있고, 시간은 자정을 향해 가고 있다. 자정이 되었을 때 공은 몇 개나 떠 있을까? 어떤 이는 무한개 남아 있다고 말한다. 친구는 매번 2개씩 보내오는데 나는 하나밖에 못 받아넘기기 때문이다. 그런데 내 생각은 다르다. 남아 있는 것 없이 친구에게 모두 넘겼다. 어쨌든 30초 전 내게 당도한 탁구공 2개 중 하나는 곧바로 넘기고 다른 하나는 15초 전에 넘겼으니 결국 둘 다 넘겼다. 15초 전에 넘어온 공 2개는 곧바로 하나, 그리고 7.5초 전에 하나, 또 모두 넘겼다. 나는 땀날 시간조차 없이 친구가 보내온 공들을 무한히 빠르게 쳐 넘겼다. 남아 있는 것은 하나도 없다. 무한개 있다, 하나도 없다, 어느 쪽이 옳을까?

이처럼 무한이 우리의 직관을 뒤흔든 사례는 수천 년 전부터 지금까지 셀 수 없이 많다. 그래서 무한을 따라 잡으려 할수록 무한은 자꾸만 멀어지고 마침내 무한이라는 말은 쳐다보기도 싫어진다. 선택은 둘 중 하나다. 신비의 대상으로 삼아 종교의 영역에 넣거나 '무한은 무한일 뿐이지, 뭐' 하며 무감해지거나. 어느 쪽을 선택하든 평온은 얻겠지만, 창조를 위한 자극은 잃게 된다. 대수학자 푸앵카레는 말했다. "모든 것을 의심하거나 믿어 버리는 것은 편리한 방법이다. 둘 다 다시 생각해 볼 필요가 없기 때문이다."

작은 수에는 없는 성질이 큰 수에는 있는 경우가 있다. 동전을 100번 던지면 정확히 앞이 50번, 뒤가 50번 나오지는 않는다. 하지만 거대한 수만큼 여러 번 동전을 던지면 정확히 반반 나오리라 기대된다. 이것을 '큰 수의 법칙'이라고 한다. 작은 수들에는 작은 수들의 법칙이 있고 큰 수에는 큰 수의 법칙이 있듯, 무한에는 큰 수와 차원이 다른 고유의 법칙이 있다. 무한은 독립적이다. 이런 깨달음에는 까마득한 어느 날 우리의 선조가 2의 한계를 넘어 3으로 전진한 개척 정신이 녹아들어 있다.

무한을 구현된 실체로 보기

———

수천 년 전부터 수학자들에게 무한은 없어서는 안 되는 것이었다. 아주 오랜 옛날부터 도형은 물론 소수, 완전수, 친구수 같은 특별한 수들이 무한히 많이 있나 아닌가 따지는 것은 중요한 문제였다. 그 대상이 유한개라면 그것에 대한 흥미는 급격히 떨어진다. 반면 무한이라면 달리 보게 된다. 거기에는 무언가 풀지 못한 수수께끼가 담겨 있을 것만 같고 실제로 무한은 신비한 힘도 발휘한다. 암호에서 핵심 역할을 하는 소수가 무한인 것은 참으로 다행스러운 일이다. 그 덕분에 우리는 오늘도 마음 놓고 신용카드를 쓰고 전자결재를 하고 메일을 암호화해서 주고받는다. 만약 소수가 유한개였다면 세상은 지금과 완전히 다른 모습이었을 것이다.

무한을 어떤 대상들의 독특한 현상으로 보다 무한 자체로 관심을 옮긴 것이 17세기 이후다. 이 시기 사람들은 '순간'의 움직임에 관심이 많았고 그 관심은 휘어 있는 선의 기울기와 휘어 있는 도형의 넓이를 구하는 문제로 이어졌고 마침내 함수 개념과 미적분학을 탄생시켰다. 거칠게 말하면, 미적분학은 무한히 잘게 쪼개서 무한히 더한다는 생각에 기대고 있다. 그렇기 때문에 무한의 개념을 확실히 정리해야만 하는 지경에 이른다. 이 무렵 무한을 보는 다른 관점이 등장한다. 즉 무한이란 '수가 점점 커지고 있는 과정'이 아니라 '이미 구현된 실체'로 인식하는 관점이 바로 그것이다.

이것을 쉽게 드러낸 예가 0.9999…다. 소수점 다음에 9가 무한히 있는 수이다. 첫 번째 관점인 '9가 계속되는 과정'이라고 보면 9가 아무리 계속되어도 0.9999…은 1이 될 수 없다. 반면 9가 '이미 무한개 있다'고 보면 이 수는 분명 1이다. 이 관점에서 0.9999…는 1의 다른 표현일 뿐이다. 이것이 믿기지 않는다면 피자를 배달시켜 보면 된다.

피자 1개를 시킬 때마다 그 안에 쿠폰이 1장 들어 있다고 가정하자. 쿠폰을 10장 모으면 피자 1개를 공짜로 준다. 그때 쿠폰 1장의 가치를 피자로 환산하면 얼마일까? 말하나 마나 $\frac{1}{10}$가치다. 쿠폰 10장과 피자 1개를 바꿀 수 있으니 말이다. 쿠폰을 주지 말고 처음부터 피자 1개와 피자 $\frac{1}{10}$조각을 얹어 주면 좋으련만 피자 가게는 절대 그렇게 하지 않는다. 어쨌든 쿠폰이 피자 $\frac{1}{10}$만큼의 가치로 드러나는 때는 공짜 피자를 줄 때 피자만 주고 쿠폰은 넣어 주지 않을 때다.

이렇게 쩨쩨해서는 무한을 상상하기 힘들다. 문제를 조금 바꿔 보자. 이번에는 쿠폰 10장을 모아서 공짜 피자를 받을 때 거기에도 쿠폰이 들어 있다고 상상해 보자. 그러면 어떻게 될까?

별 차이 없어 보이지만 상황은 급변한다. 우선 쿠폰 1장이 피자 $\frac{1}{10}$ 이상의 가치를 가진다는 것은 분명하다. 왜냐하면 쿠폰 1장

안에는 피자의 $\frac{1}{10}$과 쿠폰의 $\frac{1}{10}$가치도 들어 있으니까. 아직 셈은 끝나지 않았다. 처음 질문이 쿠폰 1장의 가치를 피자로만 환산하기였으니까. 그래서 쿠폰 $\frac{1}{10}$의 가치도 피자로 환산해야 한다. 쿠폰 1장이 피자 $\frac{1}{10}$과 쿠폰의 $\frac{1}{10}$이라고 했으니, 쿠폰 $\frac{1}{10}$은 피자 $\frac{1}{100}$과 쿠폰 $\frac{1}{100}$의 가치다. 여기까지 정리하면 쿠폰 1장은 피자 $\frac{1}{10}$과, 피자 $\frac{1}{100}$과 쿠폰 $\frac{1}{100}$의 가치다. 환산은 끝났는가?

아니다. 아직도 쿠폰 $\frac{1}{100}$의 가치를 피자로 환산해야 한다. 쿠폰 1장의 가치가 피자 $\frac{1}{10}$과 쿠폰의 $\frac{1}{10}$이라고 했으니, 쿠폰 $\frac{1}{100}$은 피자 $\frac{1}{1000}$과 쿠폰 $\frac{1}{1000}$이다. 여기까지를 풀어 쓰면 쿠폰 1장의 가치는 피자 $\frac{1}{10}$과 피자 $\frac{1}{100}$과 피자 $\frac{1}{1000}$의 가치와 그리고(또!) 쿠폰 $\frac{1}{1000}$의 가치다. 환산은 끝났는가? 아니다. 여전히 쿠폰 $\frac{1}{1000}$의 가치를 피자로 환산하는 일이 남았다. 보다시피 이 과정은 끝없이 계속된다. 복잡해 보이지만 수로 쓰면 간단하다.

$$\frac{1}{10} + \frac{1}{100} + \frac{1}{1000} + \frac{1}{10000} + \cdots$$

이것을 소수점으로 표현하면 0.1111…이다. 쿠폰 1장이 이 정도의 피자이니, 쿠폰 9장을 모았다면 피자 1개의 0.9999…의 가치다. 무한이 계속되는 과정이기 때문에 0.9999…가 1이 될 수 없다는 생각은 내가 가진 쿠폰 9장이 피자 1개에 비해 티끌 하나만큼이라도 더 적다고 생각하는 것과 같다. 그렇게 느끼는 것은 자유이지만 그 느낌은 느낌일 뿐이다.

0.9999…는 1이다. 0.9999…는 1의 다른 표현이다. 엄연한 이 사실을 확인하겠다. 나에게 쿠폰 9장이 있다고 하자. 나는 친구에게 쿠폰을 1장 빌릴 수 있다. 빌린다. 쿠폰 10장이 되었다. 그것으로 공짜 피자를 받는다. 그 안에 있는 쿠폰 1장을 꺼내서 친구에게 돌려준다. 다시 말해 쿠폰 9장은 쿠폰 없이 주는 피자 1개와 같다.

이와 같이 어떤 무한을 과정이 아니라 한 덩어리의 실체로 본다는 것은 말장난이 아니라 중요한 사고의 전환을 뜻한다. 언뜻 봐서는 0.9999…가 1보다 살짝 작다는 생각과, 1이라는 생각 사이에 별 차이가 없는 것 같지만 중요한 문제에서 자주 그렇듯이 작은 차이가 큰 차이를 유발한다. 다음의 예를 보더라도 그렇다.

소수점 다음에 9가 1조 개의 1조 배만큼 있어서 0.999…999라면 이것은 절대 1이 아니며, $\frac{1}{1-0.999…999}$이라는 수는 1조의 1조 배가 될 수 있는 엄청나게 큰 수다. 다시 그것의 1조 제곱을 해 가도 여전히 의미 있는 큰 수고 이 과정을 계속해 가도 그것은 어떤 큰 수다. 하지만 소수점 아래 9가 무한이라면(다시 말하지만 '무한히 계속되고 있다'가 아니다) 상황은 완전히 변한다. $\frac{1}{1-0.999…}$은 $\frac{1}{0}$이 돼서 보통 수학에서 아예 존재를 인정하지 않는 수다. 이렇듯이 무한을 어떻게 보느냐에 따라 수가 존재한다, 아니다로 결론 내릴 수 있다.

원숭이는 《수학의 감각》을 쓸 수 있을까

———

무한은 구현된 실체라는 관점을 유지하면서 상상 속에서 원숭이 타자 실험을 시작해 보자. 이 실험에서도 무한이냐 아니면 '거의' 무한이냐로 보느냐에 따라 문제를 보는 시각이 달라진다. 어느 날 갈릴레이는 방 안에 있다 문득 탑에서 큰 쇠구슬과 작은 쇠구슬을 동시에 떨어뜨리면 어떻게 될지 머릿속으로 그려 본다. 수천 년간 권위의 상징이었던 아리스토텔레스의 중력에 대한 믿음을 깨는 일격으로, 어떤 수식이나 말보다 더 강력한 실험이었다. 미국의 한 잡지에서 사고 시험 8개를 엄선했는데, 이 실험도 그중 하나로 뽑혔다. 8개 중에는 지금 우리가 할 사고 실험도 들어 있다. 실험 주인공은 원숭이다. 원숭이는 과연 과업을 완수할 수 있을까?

원숭이가 타자기 앞에 있다. 고개를 두리번거리다가 자판을 두드려 본다. 탁 타닥- 소리에 신이 난 원숭이가 계속 자판을 두드린다. 처음 몇 번에 '기란달하닥' 같은 난독 기호들이 나타난다. 그다음엔 '나는' 같은 알 수 있는 글자들이 나온다. 알 수 없는 기호들이 이어지고 10시간이 지났을 때 '너를 사랑해'가 등장했다. 이 귀여운 원숭이가 '10^{100}초' 동안 자판을 두드린다면 그 안에 《수학의 감각》도 들어갈 수 있지 않을까?

'원숭이가 아무 생각 없이 치는데 어떻게 책 한 권이 고스란히 담길 수 있단 말인가? 말도 안 돼'라고 생각할 수 있다. 10^{100}초는 317에 0이 90개 정도 붙은 수이니 우주의 나이 150억 년에 비하면 영원이다. 우리는 지금 상상 공간에 있기 때문에 웬만한 제약 조건들은 무시할 것이다. 가령 어떻게 그렇게 오랫동안 원숭이가 타자기를 칠 수 있냐고 누가 묻는다면 이 원숭이는 최소한 10^{100}초를 사는 원숭이고, 제시한 시간은 순수하게 타자기 치는 데만 들인 시간이라고 하면 된다. 원숭이는 자판의 일부분만 집중해서 칠 가능성이 크기 때문에 같은 글자만 계속 나올 거라고 생각하는 날카로운 독자도 있을지 모른다. 그분을 위해서 키가 0과 1 2개로만 돼 있는 상상의 자판을 실험에 투입할 것이다. 0과 1로만 구성된 이진법을 우리 글자로 바꿔 주는 상상의 번역기도 설치한다. 어쨌든 결과는 같다. 실험을 단순하게 하기 위해 원숭이가 두드릴 키는 30개로 제한해 보자. 자, 어떻게 될까?

원숭이가 쳐 낸 것 중에는 틀림없이 우리가 읽을 수 있는 글자도 있을 것이다. 그렇지만 책 한 권은커녕 시 한 수도 담겨 있지 않을 가능성이 크다. 예를 들어 "풀이 눕는다 / 비를 몰아오는 동풍에 나부껴 / 풀은 눕고 / 드디어 울었다"로 시작하는 김수영의 〈풀〉이라는 시가 들어 있을까? 내가 잘못 세지 않았다면 이 시 전체는 띄어쓰기 포함해서 195자다. 한글은 초성, 중성, 종성으로 되어 있으니 자판을 평균 2.5번 눌러야 글자 하나가 완성된다. 결국 200자 정도 되는 시 한 편을 치려면 500번 정도를 연속해서 쳐야 한다. '풀'의 경우 30개 키에서 'ㅍ'를 먼저 친 다음, 'ㅜ'와 'ㄹ'

을 연속해서 쳐야 비로소 완성된다. 즉 '풀'을 치려면 $\frac{1}{30}$의 확률이 3번 연속해서 발생해야 한다. 이것은 $\frac{1}{30^3}$의 확률인 '우연'이 구현되었을 때 가능하다. 1초에 키를 한 번 누른다면 30^3초는 쳐야 '풀'이라는 단어가 생긴다고 기대할 수 있다. 이런 식으로 계산하면 시 한 편은 정확히 키를 500번 쳐야 완성된다. 30^{500}초 정도는 있어야 한다는 것이다. 물론 기댓값이 그렇다는 것이지, 원숭이가 500초 동안 친 500번의 글자가 바로 〈풀〉이라는 시일 수도 있다. 그렇지만 이것을 기대하는 것은 해가 서쪽에서 뜨길 바라는 것과 다를 바 없다. 이 사고 실험에서 우리는 원숭이가 10^{100}초 동안 자판을 두드린다고 가정했고, 원숭이가 〈풀〉이라는 시 한 편을 치는 데 걸리는 시간이 30^{500}초이리라 기대했다. 하지만 거의 영원에 가까운 그 긴 시간 동안 원숭이는 책 한 권은커녕 〈풀〉도 칠 것 같지 않다. 다만 잊지 않아야 할 것은 이런 예측은 10^{100}초라는 시간 제약에서 그렇다는 말이다.

그런데 무한을 가정하면 결과는 완전히 뒤집힌다. 이 10^{100} 자리에 무한이라는 단어를 넣으면 불가능이 한순간에 가능으로 바뀐다. 시 한 편이 아니라 원숭이가 세상의 모든 책을 써 낼 확률이 100퍼센트가 된다.

보르헤스가 무한을 과감하게 도입했을 때 문학적 상상력이 핵융합을 일으켰고, 원숭이는 세상의 모든 도서관에 있는 책을 다 쳐 낼 수 있게 되었다. 그렇다고 해서 무한이 문학과 수학 같은 데서만 강력한 힘을 발휘하는 것은 결코 아니다. 무한을 머릿속에

도입해 상상하는 것은 단순히 놀이가 아니다. '이건 말도 안 돼'라는 생각은 상상력을 좀먹는다. 이런 태도를 가진 사람들에게 조언하고 싶다. 머릿속에 무한을 데려와 가정해 보아야 한다고. "이건 말도 안 돼!"라고 말하는 순간 자기 스스로 상황을 말도 안 되게 만들고 있는 거니까. 어려움을 먼저 생각하면, 해결할 수 있는 것까지 못하게 된다.

문제 해결법을 제안한 《안 될 것 없잖아?》라는 책에서 저자들은 일상에서 창조성을 발휘할 실질적인 묘안을 단계별로 제시했다. 그중 첫 단계가 무한 도입하기, 일명 '크로이소스는 어떻게 할까(What would Croesus do)?'라는 사고 습관이다. 문제가 닥치면 제약 조건이나 유한한 자원을 먼저 보려 하지 말고 모든 것을 다 가진 왕 크로이소스가 되어 보라는 뜻이다. 이제 우리가 가진 자원은 구현된 무한이며 그래서 무엇이든 다 할 수 있게 되었다. 문제를 다시 보자. 불가능의 요인은 모두 녹아 버렸다. 우리가 서 있는 상상의 공간은 툭 트였다. 걸리적거릴 것이 없다. 자신도 모르게 제약 조건에 두었던 시선이 순식간에 가능성으로 옮겨 간다. 큰 수를 가져와 상상하고, 무한이 구현된 덩어리라고 상상하라. 무한이 우리를 자유롭게 하리라.

수학의 감각

당신 없이 나는
존재할 수 없다

2장

관계망에서
관계 요소 보기

조선이 낳은 최고 문인 연암 박지원의 책을 보면 황희 정승에 관한 일화도 있다. 황희 정승이 일을 마치고 집에 돌아왔는데, 딸과 며느리가 다투고 있었다. 사람 몸에 기생하면서 피를 빨아먹고 사는 깨알만 한 이가 화근이었다. 딸은 이가 옷에서 생긴다고 주장하고 며느리는 살에서 생긴다고 주장했다. 이 다툼에 황희는 "딸아, 네가 옳다" 하고는 "아가, 너도 옳구나"라고 답했다.

둘 다 옳다니 말이 되는 판단이냐고 따지는 부인의 말에 황희는 이렇게 답한다.

"이는 살이 아니면 알을 까지 못하고 옷이 아니고는 붙질 못하니 그 둘 사이, 바로 거기서 이가 생기는 거잖소."

이 이야기에서 두 가지가 흥미롭다. 지체 높은 정승 댁 아낙들이 이라는 벌레를 논쟁의 주인공으로 삼았다는 것이 첫 번째요, 이가 살과 옷 사이에서 생긴다는 황희 정승의 관점이 두 번째다.

그 관점은 둘 중 어느 하나라도 빠지면 이는 없었으리라고 본 것이다. 피 빨아먹는 이 얘기로 글을 시작해서 미안하지만, 다음에 이어질 이야기와 썩 잘 어울리니 어쩔 수가 없다.

이의 탄생보다 격식 있는 질문에도 '사이'의 관점은 유용한 해결책이 된다. 예를 들면 '인생이란 무엇일까? 나는 누구인가? 이 일의 본질은 무엇인가?' 같은 질문을 할 때도 그렇다. 이런 질문들은 답하기가 만만치 않아서인지 답이 참 많다. 가까이 다가갈수록 멀어지는 경향이 있고 말이다. 답할 수 있는 절차나 법칙이 있다면 좋으련만, 어디서도 그런 통쾌한 해법을 찾기는 어렵다.

질문에 다가갈수록 더 모호해지는 것들은 수학에서도 종종 나타난다. 엄격함이 생명인 수학에서도 어쩔 수 없이 모호해지는 것들이 있다. 그렇다고 해서 내버려 둘 수는 없는 노릇이다. 그래서 수학은 이런 질문에 답을 구하려면 어떻게 해야 할지 조언을 남겼다. 이 방법이다며 보란 듯이 통쾌한 해법을 내놓지는 않지만 어떤 대상이나 일의 본질을 파악할 때 되새겨 볼 만하다. 조언의 핵심은 "그것 자체를 보려고 하지 말고 관계망으로 보라"는 문장으로 응축할 수 있다. 이를 설명하기 위해 이 장에서는 점과 직선, 수와 셈을 도우미로 쓰기로 했다. 익숙하고 기본적인 것들이라 상상력의 뿌리로 가는 데 적잖은 도움이 될 것이다.

점

수학에서도 실체를 알기 어려운 것이 꽤 있다. 이것들은 떨어져서 보면 보이는데, 따지며 가까이 다가갈수록 급속도로 형체가 사라진다. 그중 대표적인 것이 점이다. 점은 수학의 기본이요, 따라서 매우 특별한 대접을 받는다. 수학자들 사이에서만 그런 건 아니다. 미술 분야에서도 관심 대상이었다. 특히 원근법이 탄생하던 시기에 투시 기법을 연구하던 레오나르도 다 빈치에게 점은 특별한 것이었다.

투시에 관한 모든 문제는 명백히 5개의 수학 용어로 이루어져 있다. 그것은 점, 선, 각, 면 그리고 부피를 갖는 덩어리다. 그중 점은 특별하다. 점은 높이, 넓이, 길이, 깊이를 갖지 않는다. 따라서 나눌 수도 없고 차원도 갖지 않는다.

수학 책에나 있는 문장 같지만 사실은 다 빈치가 남긴 공책에 있는 말이다. 그보다 수천 년 전 그리스 사람들도 점이란 부분을 갖지 않은 궁극의 대상이라고 보았다. 그럴듯한 말이지만, 한 발만 더 다가가면 갑자기 그 말은 모호해진다. 도대체 부분을 갖지 않는다는 말이 무엇일까? 그것은 점의 무엇을 말하고 있는 걸까?

길이도 없고 차원도 없고 부분도 없다고? 그럼 그런 것은 다 점인가? 사랑도 추억도 모두 점인가?

사실 멀리 떨어져서 보면 점으로 보이는 것은 분명히 많다. 사진 속에서 미소 짓는 메릴린 먼로나 스칼렛 요한슨의 얼굴에 찍힌 점은 꽤 매력적이다. 힌두교 여인들은 이마에 형형색색의 점을 찍고 우리나라에서도 예전에 혼인할 때 얼굴에 빨간 점을 찍었다. 나는 이 글을 쓰는 동안 문장이 끝날 때마다 까만 점으로 표시를 한다. 어디에나 점은 있어 보인다.

수학적인 점은 어디에 있을까? 앞서 열거한 어떤 것도 수학적인 점은 아니다. 나는 그 점들보다 1000배는 작은 점을 얼마든지 찍을 수 있다. 그러나 까마득하게 작은 점을 찍었다고 해도, 나노 로봇에게는 그 점이 지구만큼 거대하다. 아무리 작은 단위의 로봇을 만들고, 그 로봇이 자기보다 10억 배 작은 로봇을 만들어, 그것이 자신보다 10억 배 작은 공을 가지고 논다고 해도, 그 초소형 공에 붙은 먼지 하나도 결코 수학적인 점이 될 수는 없다. 아직 부분을 갖고 있기 때문이다. 그런데 가까이 가면 혹시 점이 사라지는 게 아닐까? 수학적인 점이 있긴 있을까?

직선

점만 그런 게 아니다. 직선도 자기를 잡으려고 가까이 갈수록 사라져 버린다. 영화로 만들어지기도 한 일본 소설 《박사가 사랑한 수식》에 이런 직선의 성격을 이야기하는 대목이 나온다. 왜 영화나 소설에서 수학자들은 항상 범죄자거나 성격이 괴팍하거나 특별한 정신장애를 갖는지 알 수 없지만, 이 소설의 주인공도 80분만 기억하는 장애를 가진 수학 박사다.

어느 저녁, 그는 밥을 먹다 말고 가사도우미인 여주인공에게 직선을 그려 보라고 한다. 여주인공은 왜 또 항상 그렇게 착한지 불평 없이 젓가락을 대고 연필로 조심스럽게 직선을 긋는다. 그것도 호기심 어린 미소를 띤 채. 이때 박사는 애꿎은 여주인공에게 난데없이 이렇게 말한다.

자네의 직선은 끝이 있어. 원래 직선이란 끝이 없는 거지. 그리고 아무리 날카로운 칼로 연필심을 꼼꼼하게 갈아도 심에는 굵기가 있네. 따라서 여기 있는 직선에는 너비가 있는 셈이지. 직선은 넓이도 없어야 하는데 말이야. 그러니까 결과적으로 실제 종이에 진정한 의미의 직선을 그리기란 불가능하단 얘기야.

여주인공을 편드는 건 아니지만 나는 박사님에게 묻고 싶다. 끝이 없다는 것이 무엇이지요? 넓이가 없고 끝이 없으면 직선인가요? 절대 그려 낼 수 없다면 어디에 있는 것이지요?

마지막 질문에 대해서는 이미 박사가 답을 해 두었다. 그는 가슴에 손을 얹으면서 "바로 여기에 있어"라고 했으니까. 결국 점이든 직선이든 보려고 가까이 갈수록 사라져 마음속으로 숨어 버리나 보다. 정말 점이니 직선이니 하는 것들이 있기는 할까?

수와 셈

수는 어떤가? 자연수 1은 무엇일까? 음수 (-1)은 무엇이고 분수는 무엇이며 그것들의 곱셈과 나눗셈은 또 무엇인가? 예전에 내가 받았던 질문을 하나 옮겨 보겠다.

빵 1개를 두 사람에게 나누는 것을 1÷2라 쓰고, 한 사람이 갖는 빵을 $\frac{1}{2}$이라는 분수로 쓰죠. 이렇게 보면 빵 1개를 8명에게 나누어 줄 때는 한 $\frac{1}{8}$씩 줘야겠지요. 그렇다면 $\frac{1}{2} \div \frac{1}{8}$은 무슨 의미란 말입니까? $\frac{1}{8}$명에게 빵을 나눠 주다니요, $\frac{1}{8}$명이라니, 말이 됩니까?

수학은 억지스럽다는 듯한 표정을 지으며 그게 내 탓이라도 되는 양 따지면 나는 참 난처하다. 일단 내가 그렇게 하자고 한 것이 아니고, 꼭 그렇게 생각해야 하는 것도 아닐뿐더러 무엇보다 수학의 대상뿐만 아니라 그 어떤 것도 궁극적으로 따지고 들어가면 모호해지기는 마찬가지기 때문이다.

수학에서 따지고 들어갔을 때 금방 모호해지는 건 분수와 나눗셈만이 아니다. 가끔 "2×3이 2개가 3묶음 있다는 말이라면 2×(-3)은 무슨 뜻이며, (-1)×(-1)은 왜 갑자기 +1이 됩니까?"라고 물어오는 경우를 보더라도 그렇다.

가르치는 대로 외우고 받아들이면 상관없지만, 마음의 전등을 켜고 다가가면 사라지기 일쑤인 것들은 어떻게 해야 할까? 우리의 호기심은 대상에 더 다가가려는 본성이 있는데 그럴수록 그

대상이 사라지니, 이 꼬인 사태를 어찌할까?

관계망에서 봐야 한다

———

　다시 연암 박지원을 초청한다. 그가 쓴 〈소완정 기문〉이라는 글에 꼬인 사태를 해결할 실마리가 있다. 편하게 내용을 옮겨 보겠다.

　어느 날 연암은 제자 이서구의 서재를 방문한다. 온통 책으로 둘러싸여 있는 것을 보고는 감탄은커녕 되레 혀를 끌끌 찬다. 물고기가 물을 못 보듯 제자가 책에 싸여 볼 것을 제대로 못 볼까 봐 안타까웠던 것이다. 어떻게 하면 좋겠냐는 제자의 물음에 연암은 대상과 너무 가까이 있으면 고루 볼 수 없으니, 밖으로 나가 문에 구멍을 내고 보듯 해야 한다고 답한다. 구멍을 내면서 본다는 것은 낱낱이 살핀다는 뜻이다. 그렇지만 그 방법만으로 충분하지는 않다. 마음을 집중해서 이치를 고루 따져 보지 않으면 소용없다. 돋보기에 빛을 모아 종이를 태우는 것처럼 마음을 모아야 하는 것이다. 그렇지만 아직도 충분하지 않다. 마음의 돋보기를 맑게 하지 않으면 소용없기 때문이다. 그렇다면 어떻게 해야 마음을 투명하게 할 수 있을까? 연암은 책을 통해서가 아니라 살아 있는 사물을 만나되 담백하게 있는 그대로 보기를 권한다.

대상을 제대로 보려면 샅샅이 관찰해야 하고, 마음을 집중해 이치를 따져야 하며, 이것이 잘되려면 있는 그대로 보라는 조언이다. 넓게 보면 이 말은 우리가 점과 수와 셈을 생각할 때도 적용할 수 있다. 점, 수, 셈은 다가갈수록 사라지는 것들이어서 이치를 따져 '마음으로 보는' 단계가 특히 중요하다. 사실 수학의 수(數)라는 말은 운수(運數)라는 단어에도 쓰이듯이 동양 고전에서는 '이치'라는 뜻으로 쓰인다. 수학이라는 학문의 본질이 이치를 따지는 것이란 뜻이다.

좋다. 마음을 정갈하게 하고 이치를 따져 보기로 하자. 하지만 어떻게? 이치를 따진다는 것이 정확히 무슨 뜻일까? 20세기 문턱에서 수학은 '이치를 따지는' 구체적인 방법 하나를 제시했다. "'이것'의 이치를 따지려면 이것을 둘러싼 '저것'들을 고루 보아야 한다"가 그것이다.

점과 직선을 관계망으로 보기

20세기를 목전에 둔 1899년 책 한 권이 세상에 나왔다. 현대 수학의 거장 힐베르트가 자신의 강의를 꼼꼼하게 다듬어 낸 것으로, 제목은 《기하학의 기초》였다. 힐베르트는 출간 이후에도 계속 다듬어 1930년에 7번째 개정판을 낼 정도로 이 책에 정성을 들였다. 현대 수학의 고전이라 읽어 볼 요량으로 책을 펼쳤다. 100여 쪽밖에 안 되는 데다 "인간의 모든 지식은 직관에서 시작해 개념을 거쳐 이념으로 끝난다"는 칸트의 문장이 도입부에 있어 절

로 기분까지 뜨듯해졌다. 하지
만 부풀어 오르던 마음이 곤두
박질치는 데는 채 5분도 걸리지
않았다. 10여 줄에 두 문단이 고
작인 짧은 서문은 그렇다 치고,
본문 첫 문장이 이랬던 것이다.

힐베르트

어떤 것들에 대한 서로 다른 세
시스템을 생각하기로 하자: 첫 번
째 시스템을 이루는 것들을 점이라고 부를 것이며 A, B, C,…라고 쓸
것이다. 두 번째 시스템을 이루는 것들은 직선이라 부를 것이고 a, b,
c,…라고 쓸 것이며, 세 번째 것들은 평면이라 부르고 α, β, γ,…라고
쓸 것이다.

아 정말, 이보다 더 건조한 문장이 있을까. 이런 문체가 사람들
이 수학에 진저리치게 만드는 원인이지만 어떤 이들은 여기서 시
적인 아름다움을 느끼니 문체를 탓할 일만은 아니다. 마음의 돋보
기를 집중해야 할 곳은 문체가 아니다. 그렇다면 내용일까? 그런
데 잠깐, 도대체 지금 앞의 글은 무엇을 이야기한 걸까? 어떤 것
들 중에 어떤 것은 점이라 부를 것이고, 어떤 것들은 직선이라 부
를 것이고…? 그렇다. 아무것도 이야기하지 않았다. 다시 말해 '점
은 무엇이다'는 것에 대해서는 아무 말도 하지 않은 것이다. 책이

끝날 때까지 어디서도 말하지 않는다. 이어지는 문장들도 당황스럽게 하기는 마찬가지다. 문장 둘만 옮기면 이렇다.

· 서로 다른 두 점이 있으면 그 점들을 포함하는 직선이 있다.
· 서로 다른 어떤 두 점에 대해서 그 점들을 포함하는 직선은 하나를 넘지 않는다.

점이나 직선이 '어떤 것'이라고 정의하지 않았으니, 사실 이 말은 그 무엇들이 그 무엇에 있고, 포함된다는 말일 뿐이다. '거시기'라는 단어와 동급 사투리인 '머시기'로 점과 직선 대신 표현해도 아무 상관없다. 가령 첫 번째 문장은 '서로 다른 두 거시기가 있으면 그 거시기들을 포함하는 머시기가 있다'로 번역될 수 있겠다. 점과 직선에 대해 아무것도 정의하지 않았으니 문제될 것은 전혀 없다. 그렇다면 '포함한다, 있다'가 무엇인지는 밝혔을까? 역시 아니다. 직선이라 불리는 거시기가 점이라 불리는 머시기 2개를 '그렇게 할' 뿐이다. 아직 어떤 대상에 대해서는 아무것도 말하지 않았다. 다만 거기에는 거시기와 머시기, 그렇게 둘의 관계만 표현되었다.

도무지 이해가 쉽지 않다. 다가갈수록 사라져 버렸던 것들을 이 방법으로 어떻게 포착해 낼 수 있단 말인가? 러셀이 "순수 수학은 우리가 지금 무엇에 대해 말하고 있는지 모르는 학문이다. 또한 우리가 말하고 있는 것이 참인지도 모르는 학문이다"고 할 만도 했다.

그렇다고 해서 힐베르트의 기념비적인 저작이 정말 아무것도 말하지 않았을까? 그렇지 않다. 거기에는 수많은 관계가 담겨 있다. 위 두 문장과 비슷한 문장이 20개 등장하고 그것을 기초로 도형의 성질들을 집요하게 파헤친다. 그렇게 해서 마침내 기하학의 뿌리를 샅샅이 살피는 작업을 완수했다. 기하학이 등장한 이래 2000년간 모호한 채로 남아 있던 모든 사심을 걷어내고 관계망으로 실체를 이해하도록 한 것이다.

그렇게 하고 나니 점은 까맣고 작고 동그란 것이라는 직관이 만들어 놓은 사심, 직선이란 반듯하게 쭉 펴 있다는 사심은 자리 잡을 곳이 없다. 자칫 무미건조함의 극단으로 보일 수 있지만 이런 냉정한 태도는 점과 직선에 대한 애정이 극에 도달하지 않고는 불가능하다.

서로 의지하며 존재하는 수와 셈

수와 셈을 볼 때도 이런 냉정함은 유지되어야 한다. 그렇다면 $\frac{1}{2}$과 $\frac{1}{8}$을 제대로 이해하려면 빵과 사람과 나눠 주기를 연상하기 이전으로 돌아가야 한다. 거기에 갇혀 있어서는 $\frac{1}{2} \times \frac{1}{8}$을 이해할 수 없다. $\frac{1}{2}$이란 1과 2의 특별한 관계일 뿐이다. 또한 $\frac{1}{2} \times \frac{1}{8}$은 $\frac{1}{2}$을 $\frac{1}{8}$번 더하기가 아니다. 무엇을 $\frac{1}{8}$'번' 더한다니, 알다가도 모를 말이다. 마찬가지로 분수의 나눗셈 $\frac{1}{2} \div \frac{1}{8}$을 빵 $\frac{1}{2}$개를 $\frac{1}{8}$명에게 나눠 주는 행위로 이해해서는 곤란하다. 그런 연상 이전으로 돌아가서 나눗셈을 곱셈과 특별한 관계로 파악해야 한다. 어떤 관계인지 따져 보는 것보다 더 중요한 것이 관계망으로 보는 관점이다. 그래야 사심이 개입할 여지가 최소화되고, 있는 그대로의 이치를 알 수 있기 때문이다. 자연수만 있는 세상에서는 2×3을 '2를 3번 더하기'라고 이해해도 문제되지 않는다. 그리고 (-3)×2는 (-3)을 2번 더하기이니 (-6)이라고 봐도 된다. 그러나 이 생각에 집착하면 음수의 곱셈의 근본을 알 수 없다. 예를 들어 2×(-3)이란 무언가? 무엇을 (-3)번 더한다니 애초에 말이 안 된다. 이런 고정관념을 버리고 주위를 두루 살펴야 한다. 2×(-3)은 (-3)×2를 순서만 바꾼 결과다. 그리고 자연수에서 2×3과 그것의 순서를 바꾼 3×2는 같다. 이처럼 전체 관계망에서 봐야 음수의 곱셈 2×(-3)의 결과가 (-6)이라는 사실을 납득할 수 있다. 양수처럼 음수도 곱셈할 때 교환해도 결과는 같다. 뒤집어서 생각하면, 곱셈에서 교환이 된다는 성질이 음수의 성격을 결정하기도 한다. 음수와 곱셈이 각각 따로 있고 그 다음에 음수의 곱셈이 있는 게 아니라 음수와 곱셈은 동시에 서로를 정의한다. 음수 없이 곱셈 없고, 곱셈 없이 음수 없다. 분수의 나눗셈도 마찬가지다. 정수의 나눗셈 6÷2=3을 정수의 곱셈 6=3×2의 역으로 보듯 분수의 나눗셈 $\frac{1}{2}÷\frac{1}{8}=4$는 분수의 곱셈 $\frac{1}{2}=4×\frac{1}{8}$의 역으로 볼 때 제대로 보인다. 곱셈 없이 나눗셈 홀로 독야청청 존재할 수는 없다.

수 없이 셈 없고, 셈 없이 수 없다. 떼어 내려 해도 뗄 수 없다. 상호 관계 속에 있다. 앞에서 연암이 '알고 싶은 대상 자체를 너무 가까이서 보지 말고 사심 없이 적당한 거리로 물러서서 그것의 주위까지 고루 보며 낱낱이 살펴라'고 쓴 글을 읽을 때 나는 관계망에서 보기를 떠올렸다. 연암의 글이 관계망적 사고의 문학적 표현이었다는 것을 이해하자 책 읽는 즐거움이 더 커졌다.

관계망적 관점은 순망치한(脣亡齒寒)을 일깨우는 관점이기도 하다. 순망치한은 입술이 사라지면 이가 시리다는 뜻으로, 우나라가 진나라에 옆 나라로 가는 길을 터 줘 결국 우나라도 망한 고사에서 유래한 말이다. 관계망에 기반을 둔다는 것은 구성 요소들이 서로의 존재를 보장한다는 뜻이므로, 이웃 나라는 이웃 나라고 우리나라는 우리나라라고 보는 관점이 아니다. 이웃 나라가 있어 우리도 있다는 식이다. 이웃 나라가 망하면 관계망에서 이웃 나라만 사라지고 마는 것이 아니라 새로운 관계망이 형성된다는 것을 우나라 왕이 깨달았더라면 그런 우를 범하지는 않았을 것이다. 수학 공부를 좀 했더라면 그깟 재물 때문에 진나라에 길을 터 주지는 않았으리라.

점에게 '너는 누구냐?'고 물으면 점은 아무 말 않고 직선을 가리킬 것이다. 직선에게 '너는 누구냐?'고 물으면 직선은 '나를 반듯한 것이라고 보기 전에 저쪽을 봐 주세요' 할 것이다. 물론 거기에는 점이 있다. 너는 누구냐고 음수에게 물으면 곱셈을 가리키고 곱셈에게 물어보면 음수를 가리키고 분수에게 물으면 나눗셈을 가리키고 나눗셈에게 물으면 곱셈을 가리킬 것이다. 돌고 돈다.

내가 있는 것은 네가 있기 때문이고, 너는 내가 있기 때문에 있다. 좋건 싫건 그 관계망 속에 내가 있다. 나는 관계 자체이며 관계의 '사이'에 있기도 하다. 점과 직선, 수와 셈은 악기와 손의 관계처럼 따로 있어서는 소리를 못 낸다.

이런 상황을 소동파는 아름다운 시로 표현했다. 피 빨아먹는 이로 이야기를 시작해서 미안했는데, 소동파의 시 〈거문고의 시〉로 끝맺으면 조금이나마 용서받을 수 있을까?

만약 거문고에 거문고 소리가 있다면
갑(匣) 속에선 왜 울리지 않는가
만약 손가락 끝에 소리가 있다면
그대의 손가락에선 왜 들리지 않는가

그래야만 하냐고?
그래야만 한다!

3장

필요한 곳에
필요한 방식으로
존재하기

오래된 타자기를 갖고 있다. 자판을 두드리면 쇠막대가 튕겨 올라가 하얀 종이에 글자를 탁 타다닥 쳐 낸다. 그 소리가 어지간 해서, 따분할 때 타자기는 장난감도 되고 가끔은 막힌 생각을 뚫어 주는 청소기 같은 역할도 한다. 물론 리듬감을 만끽하려면 빠르고 힘차게 아무거나 눌러 대야 효과가 있다. 그런데 이 무아지경은 오래 못 간다. 키들이 워낙 뻑뻑해서 애써 세게 누르지 않으면 탁 소리를 듣기 어렵기 때문이다. 그 바람에 키를 하나하나 누를 때마다 내가 키를 누르고 있다는 사실을 자각하게 돼 버린다. 특히 뻑뻑한 것이 숫자 0이 쓰여 있는 키다. 이 말썽꾸러기 키를 고칠 생각은 없다. 나에게 0은 난해하고 신비로운 수여서, 키 44개 중에서 딱 하나가 고장이 나야 한다면 바로 0이어야 한다고 생각하기 때문이다.

0은 없으면 안 되나

———

원래부터 이런 엉뚱한 생각을 했던 건 물론 아니다. 고등학교를 졸업할 때만 해도 0은 매우 간단한 것이었다. 7에 0을 더하면 더한 게 하나도 없으니 그냥 7이요, 7에서 0을 빼면 뺄 게 하나도 없으니 역시 7이다. 7에서 7을 빼면 하나도 남은 게 없으니 0이다. 간단하다. 좋다. 끝.

그 뒤로도 쭉 그랬으면 얼마나 좋았을까? 그랬다면 타자기의 0은 애초에 고장이 나지 않았거나 고장 났더라도 지금쯤 수리가 끝나 멀쩡할 것이다. 그런데 수학을 공부하면서 이전에 당연시했던 것들을 다시 질문하고 이치를 따지려는 고약한 습관이 생겨 탈이 났다. 0이 낯설게 보인 첫 기억을 떠올리면 이렇다.

어떤 수에 0을 더하거나 0에 어떤 수를 더하면 셈을 안 한 것이랑 다를 게 없다. 좋다. 이건 충분히 이해된다. 손에 구슬 7개를 들고 거기에 하나도 안 더하나, 하나도 안 들고 있다가 구슬 7개를 올려놓으나 손에 있는 구슬은 모두 7개다. 더 의심할 것이 없다. 간단히 기호로 표현하면, 7+0=7이고 0+7=7이다. 둘 다 충분히 납득이 간다. 그런데 곱셈이 문제였다. 보통 7×3이라는 것은 구슬이 7개 든 주머니가 3개 있다고 이해돼 7+7+7이니 모두 21개다. 같은 이유로 0×7=0+0+0+0+0+0+0이고 결과는 0. 구슬이 없는 주머니가 7개 있어 봤자 구슬은 없다. 0이 맞다. 여기까지도 좋다.

수학의 감각

그런데 7×0은 좀 달라 보였다. '7을 한 번도 안 더했으니 0이지'라고 생각해 왔는데 어느 날 "어? 5도 7을 한 번도 안 더한 것이고 1도 7을 한 번도 안 더하긴 마찬가지인데, 왜 하필 0이 되어야 하지?'라는 생각이 든 것이다. 다시 말해, 0×7=0은 이해하겠는데 7×0=0이라는 것은 이치를 따져 봐야 했다.

어떤 수에 0을 더하면 항상 그 수가 되니 덧셈과 함께라면 0은 아무것도 없음이다. "그대 앞에만 서면 나는 왜 작아지는가"라는 노랫말은 덧셈 앞에 서 있는 0의 꼴이다. 그런데 제아무리 큰 수라도 0을 곱해 버리면 그 수가 완전히 사라져 버린다! 0이 곱셈을 만나면 블랙홀이 되는 것이다. 0이 말썽일까? 아니면 덧셈과 곱셈 사이에 내가 미처 모르는 심연이 있기라도 한 걸까?

이 정도의 질문이야 그래도 괜찮은 편이다. 7-0=7은 이해가 쉽다. 그런데 0-7은? 하나도 없는 것에서 7을 빼는 것은 이상했다. 이미 중학교 때 그 답이 -7이라고 배웠지만, 다시 생각하면 낯설어진다. 하나도 없는 것에서 7을 어떻게 뺄 수가 있지? 뺄 수 없으니 0이 맞지 않나? 알고 보니 나만 이렇게 생각했던 게 아니었다. 17세기의 대표적 천재 파스칼도 0-7은 0이라고 생각했다. 조금은 위로가 되었지만 그렇다고 해서 0-7의 문제가 풀린 건 아니다.

또 있다. 0÷7은 '빵이 하나도 없는데 7명에게 나눈다면 한 사람이 갖는 빵은 역시 0이다. 그럼 7÷0은? 빵이 7개 있었는데 누구에게도 나눠 주지 않았다. 그렇다면 누구도 빵을 가지고 있지 않으니 0이 맞지 않을까? 아니 잠깐. 7÷0.1은 70이고, 7÷0.01은 700, 7÷0.001은 7000이니까 이렇게 계속해 보면, 0.000⋯0001처럼 엄청나게 0에 가까운 수로 7을 나누면 70000⋯000이라는 엄청난 수가 된다. 7÷0은 혹시 엄청나게 큰 수가 아닐까? 어떻게 빵 7개를 나눴는데 수억, 수조 개의 빵이 될 수 있지? 0으로 나누는 것이 퍼도 퍼도 계속 쌀이 나오는 마법의 쌀독이라도 된단 말인가? 0에 가까운 수로 나눌수록 커지니 나누는 수가 진짜 0이 되면 정해진 어떤 수보다 큰 수가 되는 건 아닐까? 그런 수는 뭐지? 물음이 꼬리에 꼬리를 물고 이어졌다.

학교 다닐 때는 이 물음표를 간편하게 처리했다. 7÷0처럼 분모에 0이 있는 수는 '불능'이라는 낙인을 찍어 추방시켜 버렸다. 그럴 만한 이유가 있겠지라고 백번 양보한다고 해도 0-7은 추방시키지 않고 -7이라는 수를 일부러 끌어다 쓰면서 7÷0만 추방시킨 것은 참 이상했다. 0이 낯설게 보이기 시작한 것이다. 그러면서 자연스레 0을 경계하는 마음이 싹텄다. 혹시 0은 '아무것도 없음'이 아니지 않을까?

사실 0은 수학에서만 이상한 것이 아니다. 우주가 한 점에서 터진 1초 후부터 현재까지는 어느 정도 미루어 짐작해 볼 수 있지만, 거꾸로 그 1초에서 태초로 다가갈수록 인류의 지식은 소용이 없어진다. 또 진공을 '아무것도 없음'으로 이해하면 물리 현상은 설명하기 어려워진다. 동양철학에서 무(無)를 이해하는 것만큼 머리에 쥐나는 일도 없다. 마음을 비운다는 것은 또 얼마나 어려운 일인가. 나노 단위에 그림을 그려 넣고 극미 세계를 탐구하면서 0에 가까이 있는 것들을 어떻게든 알아내고 통제하고 싶어 하지만 아직 갈 길은 멀기만 하다. 수천 년을 자랑하는 우리의 지식은 0에 다가갈수록 무장 해제되고 허망하게 급속도로 녹아내릴 뿐이다.

그러던 어느 날 나는 엉뚱한 생각을 해냈다. 0이나 0에 아주 가까운 것들이 그렇게 말썽거리라면 0을 아예 없다고 생각하면 될 것 아닌가? 없는 것을 있는 것처럼 수로 써서 골치 아프게 하지 말고 0이란 없다, 없는 것은 없다, 생각을 아예 하지 말자고 하면 어떨까? 하지만 이것도 소용없는 일이었다. 3개 있는 것은 3으로, 2개 있는 것은 2로, 1개 있는 것은 1이라는 수로 존경하고 기호로 나타내면서 그다음 단계인 '없는 것'을 무시하는 것은 부당했다. 여기서도 생각은 꼬리에 꼬리를 물었다.

- 0이 사라지면 하나를 1로, 십을 10으로, 백을 100으로 하듯이 뒤에 0을 하나 붙여 가면서 10단위씩 큰 수를 나타내는 편리함이 사라진다.

- $x^2-x=2$라는 어려운 등식을 $(x-2)(x+1)=0$으로 바꿔 쉽게 풀던 것도 더는 할 수 없다.

- 미적분법에서 쓰는 $f'(x)=0$이라는 개념도 수학, 과학 책에서 사라져야 한다. 공학 책, 경제학 책, 사회과학 논문 모두 다시 쓰여야 한다.

생각을 할수록 0이 사라지면 수학에 구멍이 숭숭 뚫려 마침내 수학 자체가 완전히 사라져 버릴 것만 같았다. 게다가 0이 사라지면 한국의 서태지, 러시아의 젬피라, 미국의 스매싱 펌킨스 같은 걸출한 락 가수들이 불렀던 'zero'라는 노래도 다 사라지지 않겠는가. 결국 0은 이해하기는 어렵지만 없애기에는 너무 늦은 게 분명하다는 생각에 이르렀다. 그렇다. 0은 꼭 있어야 했다.

고대의 숫자 표현

그렇다면 0은 누가 만들었을까. 알고 보니 0은 수의 세계에 가장 늦게 입주한 몇 안 되는 수 중 하나였다. 17세기에도 유럽에서는 0이라는 수를 제대로 인정하지 않았다. 놀라웠다. 왜 0은 그렇게 늦게 수의 세계로 들어오게 되었을까? 원인을 추적하는 동안 소중한 교훈을 얻었다. '하고 싶은 일을 생각하기 전에 마땅히 되어야 할 일을 먼저 생각하라'는 교훈이다. 어떤 말인지 지금부터 이야기를 나누려고 한다. 그 전에 먼저, 우리가 어떤 여정을 거쳐 지금과 같은 숫자 체계를 쓰게 되었는지 알아볼 필요가 있다. 핵심만 뽑아 보겠다.

문명이 발달한 곳에서는 수와 셈이 발달했고 수와 셈이 발달한 곳에서는 어김없이 문명이 발달했다. 수를 어떻게 숫자로 나타내서 사용하느냐의 문제는 문화의 뿌리인 무형적 인프라를 어떻게 구축하느냐의 문제다. 숫자를 취하는 방식에는 문화적 독창성이 반영될 수밖에 없어서 지역과 시대에 따라 무척 다양했다. 1999와 2009라는 수를 표기하는 숫자 몇 개만 봐도 짐작할 수 있다. 지역과 시대에 따라 변종이 무척 많은데, 그중 대표적인 것들만 골랐다.

현대 문명	1999	2009
이집트 문명	𑀊𑀊𑀊∩∩∩ⅠⅠⅠ 𑀊𑀊𑀊∩∩∩ⅠⅠⅠ 𑀊𑀊𑀊∩∩∩ⅠⅠⅠ	ⅠⅠⅠ ⅠⅠⅠ ⅠⅠⅠ
중국 문명	一千九百九十一	二千九

이집트에서 백합 모양은 1000, 고리 모양은 100, 컵 모양은 10, 막대기는 1을 뜻했다. 그래서 백합이 하나면 1000, 둘 있으면 2000인 것이다. 중국에서는 큰 것을 왼쪽에, 작은 것을 오른쪽에 썼다. 모두 아주 단순했다. 어디에도 0이 없다는 점에 주목하기 바란다. 이는 0을 숫자로 나타낼 필요를 못 느껴 수로 인정하지 않았기 때문이다. 0 없이도 충분히 피라미드를 만들 수 있었던 것이다. 바빌로니아에서는 1999와 2009를 다음과 같이 나타냈다.

바빌로니아 문명의 1999   바빌로니아 문명의 2009

옆으로 된 삼각형이 10, 아래로 된 삼각형이 1을 뜻했다. 그런데 왼쪽에 써지면 60배를 한다. 1999를 보면 10이 3개, 1이 3개니 모두 33이고, 이것의 60배니 1980을 뜻한다. 여기에 오른쪽의 19가 보태져 1999가 되는 것이다. 오늘날로 치면, 1999는 $(33\times60)+(10\times1)+(1\times9)$로 나타낼 수 있고, 2009는 $(33\times60)+(10\times2)+(1\times9)$이다.

마야 문명의 1999   마야 문명의 2009

마야 문명도 이와 구조가 비슷하다. 마야 문명의 글자는 주역의 괘 같았다. 매우 단순하고 추상적인 형태로 숭고한 아름다움마저 느껴진다. 마야에서 점은 1, 누운 막대기는 5다. 그래서 막대기 하나 위에 점이 넷 있으면 9고, 막대기 셋에 점이 넷 있으면 19다. 그런데 마야에서도 바빌로니아처럼 자리를 요긴하게 썼다. 바빌로니아는 왼쪽에 있을 때 60배를 한 반면 마야에서는 한 칸 위로 올리면 20배를 했다. 한 칸 더 올리면 20의 20배인 400배가 된다. 그래서 왼쪽은 제일 아래가 19, 그다음 칸이 19의 20배, 제일 위 칸은 4의 400배다. 오늘날의 식으로 쓰면 1999는 $(4\times400)+(19\times20)+19$다. 2009는 훨씬 간편해진다. 400배 자리에 5인 막대기 하나, 일의 자리엔 9만 있으면 된다.

형식의 결핍이 내용의 결핍을 깨닫게 한다

———

그런데 0은 왜, 언제 갑자기 나타난 것일까? 성급한 듯하지만 결론부터 말하자면 0은 '더는 없으면 안 되는 때 나타나야만 했기 때문에' 나타났다. 이것이 이 장을 떠받치는 핵심이다. 여기서 한 발만 더 나아가면 0이 우리에게 전하려는 말들을 들을 수 있다.

앞서 예로 든 것 말고도 수를 나타내는 방식은 다 헤아리기 어려울 정도로 많았다. 점토나 파피루스, 대나무판에 기호를 찍거나 쓰거나 파서 나타내기도 했고, 조약돌 주머니나 색 끈 묶음을 들고 다니면서 나름의 규칙으로 수를 드러내 보이기도 했다. 종이에 쓰거나 인쇄하는 단계에 접어들면서 다른 방법들은 경쟁에서 밀려 결국 사라지게 된다. 수 표현법만 모아도 겨드랑이에 끼고 다닐 수 없을 만큼 두툼한 책이 될 것이다. 모든 수 표현법을 알기란 어렵지만 논리적 흐름만 따르면 간단하게 이들을 분류할 수 있다. 최대한 단순화하면, 다음 2개의 질문에 대한 답으로 분류할 수 있다.

· 몇 개를 기본 묶음으로 하는가?
· 하나의 수에 하나의 숫자만 대응하는가?

여기에 어떤 도구를 써서 나타냈느냐는 질문을 추가하면 더 재미있겠지만 이 질문은 지금 우리의 관심사가 아니다. 첫 번째 질문은 아날로그적이기 때문에 답변이 다양한 만큼 방법도 다양했다. 반면 두 번째 질문은 디지털적이어서 답이 예 아니면 아니요다.

몇 개를 기본 묶음으로 할까

'몇 개를 기본 묶음으로 하는가?' 이 질문에 대한 가장 흔한 답은 역시 10이다. 앞의 예에서도 마야와 바빌론 빼고는 모두 10개를 기본으로 했다. 손가락이 10개니 당연하지 않겠냐고 생각할지 모르지만, 그건 당연하다고 보니 그런 것일 뿐이다. 발가락도 있으니 20도 좋다. 일례로 마야 문명에서는 20개를 기본 단위로 했고, 이를 토대로 태초와 지구의 멸망 시기를 계산해 냈다.

20단위만 가능한 것이 아니다. 손가락 하나가 3마디니, 엄지를 제외한 4개 손가락 마디는 모두 12개, 12도 기본 단위로 좋다. 지금도 그 흔적이 남아 있다. 연필 한 통에 12개를 담아 'dozen'이라 하고, 12인 'twelve'까지는 자립적인 말로 쓰이는 게 그 예다. 13은 10과 3의 조합으로 되어 'thirteen'이라 하고 14도, 15도 마찬가지다. 12까지가 중요한 단위였다는 증거다. 10개 묶음 문화, 12개 묶음 문화, 20개 묶음 문화와 두루 교류하려면 60도 좋다. 10개의 6묶음, 12개의 5묶음, 20개의 3묶음은 모두 60이 되기 때문이다. 자축인묘로 시작하는 12지와 갑을병정으로 시작하는 10간을 섞어 연도를 부르다가 60년이 지나면 같은 이름을 가진 연도가 또

수학의 감각

온다고 해서 '회갑'이라고 하는 것과 같은 원리다. 게다가 60을 6번 하면 360이 되어 1년의 날짜와도 비슷하니 60을 기본 단위로 하면 천문 연구에도 좋았다. 어쨌든 바빌로니아인들은 60을 기본 단위로 하는 독특한 숫자 체계를 가졌고 이를 바탕으로 천문학을 발전시켜 다른 문명에 큰 영향을 끼쳤다.

그런데 이 흐름이 현대로 오면서 10개를 기본 단위로 하는 문화로 통합되었다. 통합은 필연이지만 하필 10개로 통합된 것은 우연이라고 할 수 있다. 가장 좋은 예가 영국과 아일랜드의 화폐 개혁이다. 영국과 아일랜드는 1파운드=20실링, 1실링=12펜스이던 화폐 체계를 일괄적으로 10단위로 통일했는데, 고작 40여 년 전인 1971년이었다. 12와 20을 혼합해서 쓰던 복잡한 문화에서 10단위 문화로 길을 바꾼 것이다. 이 역사적인 날을 십진법의 날(Decimal day)이라 하여 'D-day'라고도 부른다. 제2차 세계대전에서 쓰인 D-day와는 다른 의미지만 이날이 없었으면 영국은 국내의 화폐 정보 처리에서 오는 비효율과 국제 사회에서의 고립으로 힘겨웠을 것이다. 실제로 돈 계산조차 어려워 '컴퓨터'라 불리는 전문 계산가들이 있을 정도였으니 외국과 교류할 때 생기는 혼란이야 말할 나위 없다.

고대 사회라고 해서 이런 혼란이 없었을 리 없다. 하지만 왜 하필 10개로 통합됐는지 설명하는 것은 쉽지 않다. 기계는 2단위가 기본이다. 2단위 체계는 셈을 아주 편하고 빠르게 한다. 3단위를 기본으로 하는 컴퓨터에 대한 논의도 있다. 수학적으로 보면 12단위가 가장 좋다는 주장도 있고 7이나 11단위가 가장 좋다는 주장도 있다. 먼 미래에 인류는 어떤 단위를 기본으로 해서 살고 있을까?

하나의 수에 하나의 숫자만 대응하는가

다음 질문은 '하나의 수에 하나의 숫자만 대응하는가?'이다. 답은 예 아니면 아니요 둘 중 하나다. 언뜻 보면 수 하나에 숫자 하나만 대응하는 게 당연해 보인다. 앞에서도 봤듯이 마야와 바빌로니아를 제외하고는 모두 이런 방식이다. 이 경우 어느 정도 수가 커지면 새로운 숫자가 필요하다. 아홉까지 세다가 더 셀 수 있는 기호가 없을 때 새로운 기호 십(十)이 나타나고 구십구(九十九)까지는 이 11개의 기호로 수를 만들어 갈 수 있다. 그러다가 백이 되면 십십(十十)이라고 안 쓰고 백(百)이라는 새로운 수를 가져온다.

내용인 수 하나에 형식인 숫자 하나가 대응하기 때문에 자연스러워 보이지만 이 방식엔 치명적인 단점이 있다. 천, 만, 억으로 수가 커질수록 계속 새로운 기호가 필요해지기 때문이다. 수가 클수록 숫자도 많아야 하고 점점 길어진다. 그들의 장점이 단점을 내포하고 있었던 것이다. 고대에는 가축의 수도 생산량도 적었다. 전쟁이 끝나면 승자는 패자에게 전사자 숫자를 보여 주며 보상을 요구했는데 표시할 숫자가 크지는 않았다. 하지만 점점 전쟁의 규모는 커졌고 생산량은 늘어 갔다. 수를 어떻게 숫자로 쓰느냐는 계산의 속도와 정확성에도 영향을 줄 수밖에 없다. 수 표현 체계는 사회의 근간이 되는 무형적 인프라이기 때문에 이 방식이 비효율적이면 사회 전체적인 비효율은 단계가 올라가면서 차곡차곡 누적된다.

이런 방식과 달리 독창적인 숫자 표현법을 쓴 곳이 마야와 바빌로니아다. 마야 문명의 숫자는 단순하고 정갈해서 좋기는 하지만 실제 쓸 때는 변칙이 많으니, 바빌로니아 숫자로 짧게 요약해 보겠다. 현존하는 가장 오래된 수학 기록물은 지금의 이라크 지역에서 발굴된 바빌로니아 문명의 것이다. 유프라테스 강가에 흔한 점토로 판을 만들어 날카로운 철침이나 동물 뼈로 긁어 쓴 다음 구워서 건조하고 서늘한 곳에 보관했기에 오늘날까지 보존될 수 있었다. 이 점토판에 쓰인 수학 기술을 보면 눈이 휘둥그레질 정도다. 그런데 다른 문명과 비교해 보면 숫자 체계가 조금 이상하다. 숫자 하나가 여러 수를 나타내기 때문이다. 간단히 보기 위해 적나라하게 비교할 수 있는 부분만 뽑아 적어 보았다.

현재	1	2	3	60	61	62	3600	3601	3602
바빌론	▼	▼▼	▼▼▼	▼	▼ ▼	▼ ▼▼	▼	▼ ▼	▼ ▼▼

하나를 나타내는 기호가 60을 나타내는 것과 같고 그것의 60배인 3600을 나타내는 것과도 같다. 쐐기 모양을 왼쪽으로 한 칸 옮겨 갈 때마다 1, 60, 60의 60배, 다시 그것의 60배를 뜻하게 된다. 자리가 중요한 역할을 한다. 그래서 수가 아무리 커져

도 새로운 숫자 기호를 만들 필요가 없다. 문명이 발달해 가면서 큰 수를 써야 할 때 좋은 방법이다. 그런데 여기서도 치명적인 단점은 있다. 표를 보면 1과 60과 3600이 똑같이 생겼다. 2와 61과 3601도 그렇고 3과 62와 3602도 그렇다. 헷갈린다. 위치를 나타내는 띄어쓰기가 분명하지 않기 때문이다. 띄어쓰기 하나의 차이로 목숨이 왔다 갔다 하는 상황들이 가능하다.

이처럼 숫자 체계마다 장점과 단점이 분명하다. 완벽한 체계는 없기 때문에 아무거나 자기 문화에 맞게 쓰면 되지 않느냐고 생각할 수 있지만 천만의 말씀이다. 숫자 나타내기는 수학의 뿌리 중 뿌리이며 우리가 쉽게 인식하지 못할 뿐 문화의 뿌리이다. 또한 숫자 나타내기의 효율성은 사회의 정보 처리 효율성에 막대한 영향을 준다.

그래서 문명들이 교류하면서 더 효율적인 숫자 체계가 경쟁에서 살아남았다. 수가 커져도 새로운 숫자 기호가 군이 필요 없는 방식은 필연적인 선택이었다. 그런데 이 선택을 완성하려면 치명적인 단점인 '헷갈림'의 문제를 해결해야 했다. 숫자를 써 놓고 나서 불편하다는 것은 형식의 결핍이 적나라하게 드러났다는 뜻이다. 치명적인 형식의 결핍을 어떻게든 극복해야 했다.

그래야만 하냐고? 그래야만 한다!

———

앞에서 인도-아랍권의 숫자는 쓰지 않았는데 그 이유는 그것이 지금 우리가 쓰는 방식과 비슷하기 때문이다. 특히 중세 아랍은 그 이전의 문명에서 장점만 뽑아내 융합하는 작업을 해냈다. 그들의 결론은 옳았다. (1) 자릿수를 중시한 방법을 채택하고, (2) 10개를 기본 단위로 했으며, (3) 고도로 추상화된 인도의 기호로 숫자 표현법을 통합, 완성해 낸 것이다. 이렇게 하니 숫자의 길이는 짧아졌고 셈은 엄청나게 빨라졌다. 그런데 문제는 그 형식의 결핍을 어떻게 없애느냐다. 해결의 실마리는 빈자리를 어떻게 처리하느냐에 달려 있다. 그냥 빈칸으로 두면 되지 않느냐고 할지 모르지만, 없음을 '나타내기' 위해 비워 두는 것은 문제가 있다. 예를 들어 7에서 7을 뺀다고 하자. 결과는 없음이다. 옛날에는 모래판에 계산 과정을 쓰곤 했는데 7에서 7을 빼고 나면 모래판에는 아무것도 남지 않는다. 계산 결과를 기록할 수 없다. 지나치게 아무것도 없었던 것이다.

이 문제를 완전히 해결하려면 없는 자리에 적당한 무언가를 표시해야만 했다. 그래서 점을 찍어 보기도 하고 조약돌 모양의 기호를 대신 써 보기도 했지만 좀처럼 형식적 결핍을 극복할 수 없었다. 게다가 그것은 단지 빈칸이라는 뜻이 아니라 의미가 있는 없음이어야 했다. 하지만 그것을 알면서도 '없음'을 과연 '수'로 나타내야 하느냐는 의심이 걸림돌이 되었다. 없음이란 너무 가치가 없어서 수로 인정할 수가 없었던 것이다.

정반대의 걸림돌도 있었다. 철학이나 종교적으로 무, 텅 비어있음은 너무 고차원의 개념이었다. 아랍어-라틴어-유럽어로 번역되다가 마침내 zero가 된 이 단어의 고대 인도어는 '수냐'다. 이 말은 없음을 뜻했지만 하늘, 천상의 것, 불교의 공(空)도 뜻했다. 이 얼마나 고결한가. 이 고차원의 의미를 가진 공이 7-7과 같다니. 또한 0은 너무 많은 내용을 담고 있어 7-7이든 100-100이든 아무 데나 쓸 수 있는 수로 인정받기 힘들었다. 숫자를 편하게 나타내려면 0이 있어야 했고, 이를 좋은 기호로 나타내야만 한다고 형식적 결핍이 말하고 있는데도 사람들은 좀처럼 들으려 하지 않았던 것이다.

그런데 아랍인들은 0이라는 기호의 실용성에 주목해 그것을 사용했고, 그들의 계산 기술에 혀를 내두르던 유럽인들이 이를 수용하면서 결국 형식적 결핍은 극복된다. 그 '빈자리'에 수가 있다는 것을 인정하고 0이라고 쓰는 순간 모든 것이 변했다. 이제 더는 숫자를 쓸 때 헷갈릴 필요가 없었다. 1 뒤에 0 하나만 붙이면 10이 되고, 하나 더 붙이면 100이 되는 장점이 있어서 아무리 큰 수를 써도 종이를 얼마 차지하지 않았다. 게다가 7-7을 0이라고 셈을 한 흔적도 남겼고, 등식을 다루기도 매우 편해졌다.

새로운 숫자 체계 덕분에 계산이 비약적으로 빨라졌고 보이지 않았던 수의 성질들까지 드러나기 시작했다. 마침내 영은 태양처럼 동그란 모양에서 점차 달걀형 미인처럼 변해 지금의 0으로 탈바꿈하며 수학에서 가장 중요한 수가 된다.

악성 베토벤은 종종 악보에 "그래야만 하나?"라고 쓰고 단호하게 "그래야만 한다!"고 덧붙였다. 그 진의에 대한 해석은 다를 수 있다. 나는 그 말을 형식적 결핍을 넘어 꼭 그래야만 하는 자리에 있어야 하는 방식으로 선택하라는 말로 이해했다. 다시 말해 전체 악곡이 더도 덜도 말고 딱 들어맞는 어울림으로 나타나야 한다는 뜻이 아니었을까?

0도 그랬다. 주저하지 말고 단호하게 0을 받아들였어야 했다. 거기 있어 주면 정말로 좋은 그것을 거기 있도록 해야 했다. 슈펭글러는 《서구의 몰락》에서 수학의 발전사에 대해 매우 길고 장황하게 설명하는데 특히 "0을 인식한 인도인의 고결한 정신력"을 칭송했다. 하지만 이것은 0에 대한 핵심을 잘못 짚은 것이다.

수학에서는 어떤 성질들이 '꼭 거기' 있으면 '아름답다'고 한다. 마음에 쏙 드는 시의 문구를 발견했거나 만나고 싶었던 그리운 사람을 바로 그때 거기서 만났을 때의 느낌일 것이다. 0의 탄생만큼 이 사실을 어렵고도 쉽게 말해 주는 사례도 드물다. 그렇다고 해서 0에 대한 '그래야만 하나? 그래야만 한다!'는 원칙이 바로 수학을 관통한 것은 아니다. 0을 수로 받아들인 후에도 문제는 쉽게 끝나지 않았다. 예를 들어 곱셈을 연달아 하는 셈이 있다. n!라는 기호를 쓰고 'n팩토리알'이라고 부른다. 3!은 $3 \times 2 \times 1$을, 7!은 $7 \times 6 \times 5 \times 4 \times 3 \times 2 \times 1$을 뜻한다. 따로 이름이 있다는 것은 그만큼 중요하다는 뜻이다. 그렇다면 0!은 무엇일까? 0일까? 뭔가 이상하다. n!이라는 셈이 n부터 차례대로 한 칸씩 내려가다 1까지 곱해 주라는 말인데, 0은 그럴 수가 없지 않은가? 아예 없다고 하면 편하지만 그럴 수도 없다. 팩토리알 계산은 확률과 연관된 수학에서 자주 등장하는데 이때 0!이 자주 등장하고 중요한 역할을 한다. 그러므로 0은 무시할 수도 받아들이기도 어렵다.

이상하다고 생각할지 모르지만 그 이상하다고 생각하는 우리의 관념이 이상한 것일 수 있다. 0!을 아예 없다고 하거나 0이라고 하면, 형식의 결핍 때문에 n!이라는 매우 유용한 셈 자체가 무용지물이 돼 버린다. 0에 대한 '선입견'이 우리를 방해한다. 그런데 0!이 1이라고 정해 주는 순간 n!이라는 계산은 안정적인 연산이 되고 수학의 세계는 자연스럽게 흘러간다. 그렇게 있어야만 하는 것은 그렇게 있어 줘야 한다. 중요한 것은 '그래야만 하는가?'라고 묻고 그렇게 했을 때 가장 좋다면 고정관념을 과감히 버리고 '그래야만 한다!'고 순응하는 것이다. 0은 말한다.

먼저 '그래야만 하나?'를 물어보라.
그리고 그래야만 한다면 그렇게 해야 한다.

나를 필요로 하는 곳에서 요구하는 방식으로 나를 채우는 것이 아름답다. 내 안에서 지금 어떤 것을 원한다면 그것을 채우라. 바로 지금 형식적으로 결핍된 곳을 채우는 것은 선호와 익숙함에

수학의 감각

우선한다. 이것은 억지로 끼워 맞추라는 뜻이 아니다. 그것은 수동적인 복종이 아니며, 아름다움과 유용함이 동반될 수밖에 없는 적극적인 순응이다. 한용운의 시 〈복종〉은 바로 0이 하는 말 그 자체다.

남들은 자유를 사랑한다지마는 나는 복종을 좋아하여요.

자유를 모르는 것은 아니지만 당신에게는 복종만 하고 싶어요.

복종하고 싶은데 복종하는 것은 아름다운 자유보다 달콤합니다.

그것이 나의 행복입니다.

그러나 당신이 나더러 다른 사람을 복종하라면 그것만은 복종할 수가 없습니다.

다른 사람을 복종하려면 당신에게 복종할 수 없는 까닭입니다.

때로는 시스템을
뒤집어엎어라

4장

고정관념을 버리고
패러다임 보기

어떤 문제가 도저히 풀리지 않을 때가 있다. 개인이든 소모임이든 기업이나 국가든 단위의 대소를 가리지 않고 중요한 문제 하나가 한없이 맴돌고만 있어서 도저히 앞으로 진척될 기미가 안 보일 때가 있다. 그런 문제는 시스템 전체의 성장을 정체시킨다. 수학에서도 그런 경우가 드물지 않다. 그 문제 하나만 풀리면 수학 시스템이 껑충 업그레이드될 수 있는데 좀처럼 풀리지 않아 애만 태운다.

수학은 자신의 성장을 정체시키는 문제를 어떻게 극복하면서 지금에 이르렀을까? 그런 난제를 대부분 극복해 왔기에 오늘날 수학이 미래의 성장 동력으로 주목받게 된 것이다. 해결 전략이나 방법은 문제의 성격에 따라 다양할 수밖에 없다. 그중 가장 장대한 드라마를 연출했던 주제를 보려고 한다. 다행히 그 주제가 남긴 교훈은 문제를 해결한 수학자들이 직접 밝혀 주었다. 그 교훈은 분명하다. 아무리 해도 풀리지 않는 문제를 풀기 위해서는 "무에서 시작해서 신세계를 만드는" 한이 있더라도 필요하다면 "시스템 자체를 수정"해야 한다는 것이다.

본론에 들어가기 전 준비 운동으로 당신에게 잠시 명상을 제안한다. 수학적 명상이다. 구도자들은 벽에 원을 그려 놓고 명상에 잠긴다고 한다. 때로는 그냥 점이고, 때로는 빈 벽일 수도 있다. 수학적으로 보면 원이 무한히 축소되면 점이 되고 무한히 확장되면 텅 비기 때문에 원이나 점이나 빈 벽이나 굳이 다를 것도 없다. 무한히 확장할 때 원을 이루었던 둥근 선은 직선처럼 평평해진다. 우리도 수행자들을 잠시 흉내 내 볼 것이다. 원 대신 직선으로 시작할 뿐이다. 지레 겁먹을 필요는 없다. 뭉친 몸을 스트레칭하듯이 마음을 스트레칭한다고 여기면 된다. 주제넘는 일이지만 나는 잠시만 이 명상을 지도하는 사람이 되어 보겠다. 먼저 아래 글을 읽어 보시길 권한다.

- 눈을 감고 마음의 눈을 열어 마음속에 떠오르는 것을 하나둘 바라본다.
- 보이는 것을 하나씩 지운다. 블록을 잡아 '지우기 키'를 눌러도 된다.
- 새까만 평면이 펼쳐진다. 아주 맑디맑은 태초의 평면이 마련된 것이다.

여기까지 되었으면 저장하고 심호흡을 한 다음 다시 눈을 감는다. 처음보다는 더 쉬울 것이다. 이어서 한다.

수학의 감각

- 태초의 평면에 수평선 같은 선 하나를 긋되 한 치의 흐트러짐 없이 곧게 긋는다.
- 그 수평선을 양쪽으로 '끝없이' 뻗어 나가게 한다.
- 그 선에서 충분히 떨어진 위에 지극히 작고 반짝이는 점 하나를 띄운다.

이제부터 그 곧고 정갈한 선을 '마음의 수평선', 고결한 점 하나를 '마음의 별'이라고 부르기로 한다. 마음의 수평선 위에 마음의 별이 떠 있다. 이것들은 흔들림이 없다. 이제 명상의 마지막 단계, 화두를 던질 차례다. 화두답게 짧고 간명한 문장에 물음표 하나가 붙는다. 상상력은 물음표를 먹고 산다. 중요한 순간이다.

마음의 별에서 양쪽으로 수평선과 나란히 빛줄기가 뻗는다. 한 치의 흐트러짐 없이 곧고 '끝없이' 뻗어 나간다. 빛의 속도로. 자, 그럼 마음의 빛줄기는 마음의 수평선과 만날까, 영영 안 만날까?

이 장을 읽기 전 마음속으로 최소한 3~5분간 이 '수학 수행'을 해 보기 바란다. 이 따위가 무슨 거창한 화두냐고 호통칠 분도 있을지 모르겠다. 하지만 이 문제는 수천 년간 동서 문명의 수많은 지성인이 평생을 바쳐 탐구한 중요한 화두였다. 여러분은 이 인류 문명사적 질문에 대해 어떻게 답할지 궁금하다. 두 직선은 만날까? 명상을 한 다음 구도자들처럼 아무 말 없이 고요한 미소를 머

금고 손가락 하나로 하늘을 가리켜도 나쁠 것은 없겠지만, 기왕이면 예/아니요로 답을 해 주면 더 좋겠다. 혹시라도 '아니요'로 답할 분들을 위해 하나만 더 묻겠다. 마음의 별을 중심으로 빛줄기를 '매우 미세하게' 기울인다면 그때는 어떻게 될까? 여러분 대답이 무척 궁금하지만 꾹 참고 본론으로 들어간다.

평행선 공리는 진짜 공리일까

내가 던진 질문이 수학적인 문장으로 드러나 세상을 불편하게 한 것은 2500여 년 전이다. 저 유명한 유클리드의 《원론》 1권에 나오는 공리인데, 5번째 공리, 일명 '평행선 공리'라고 불리는 것이다. 책에 나온 대로 쓰면 복잡하니 이해하기 편한 문장으로 옮긴다.

> 어떤 직선 a가 있고 그 직선을 지나지 않는 점 o가 있을 때, 그 점을 지나면서 그 직선과 만나지 않는 직선 b는 딱 하나다.

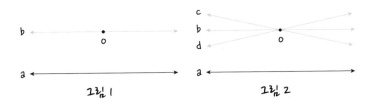

수학의 감각

〈그림 1〉을 보자. 아래 직선 a가 마음의 수평선이고, 점 o는 마음의 별이며, b는 거기서 뻗어 나간 마음의 빛줄기다. 평행선 공리는 점 o를 지나면서 마음의 수평선과 안 만나는 마음의 빛줄기가 딱 하나뿐이라고 말한다. 〈그림 2〉처럼 직선 b를 아주 미세하게 c처럼 기울이면 오른쪽 어디선가 a와 만나고, d처럼 움직이면 왼쪽 어딘가에서 만날 수밖에 없기 때문이다. 어쩌면 당연해 보인다.

그런데 빛줄기가 하나뿐이라는 사실을 자연스럽게 받아들인 사람들이 있는 반면 도저히 받아들일 수 없던 사람들도 있었다. 그렇다고 해서 그들이 빛줄기가 하나뿐이라는 사실 자체를 거짓이라고 여긴 것은 아니다. 누가 봐도 믿을 만한 사실이었기 때문이다. 직선은 지고지순해서 계속 뻗어 나가도 휘지 않으니 a, b 두 직선은 영원히 만나지 않아야 했던 것이다. 그 두 직선이 서로 사랑하는 사이였다면 가슴 아프지만 어쩔 수 없는 노릇이다.

문제는 사실의 진위가 아니라 그 사실을 보는 관점이었다. 당시에 공리라고 불리는 것은 의심할 수 없는 순수한 진리를 뜻했다. 사람들의 이성이 개입하기 전부터 '참'이었고 모든 참인 명제 중에서도 뿌리에 해당됐다.

그런데 평행선 성질이 비록 참이어도 공리라고 할 정도로 참은 아니라는 관점을 가진 사람들이 있었으니, 그들은 이 평행선 성질이 순수한 공리들에서 파생되어 나온다고 보았다. 증명이 불필요한 진리가 아니라 증명이 필요한 진리라는 것이다. 그들의 심보가 고약해서 그런 게 아니다. 사실 평행선 공리는 의심받을 만도 했다. 무엇보다 먼저, 논쟁의 여지가 없는 다른 공리들은 누가 봐도 쉽게 받아들일 만큼 문장이 짧고 명쾌했다. 그런데 평행선 공리는 순수한 진리라고 보기에는 문장이 길고 복잡했다. 게다가 논리적으로도 문제가 있었다. 평행선 공리와 거의 흡사한 아래 문장을 보자.

어떤 직선 a가 있고 그 직선을 지나지 않는 점 o가 있을 때, 그 점을 지나면서 그 직선과 만나지 않는 직선 b는 있다.

평행선 공리는 그런 직선이 "딱 하나"밖에 없다고 강조한 것이 위 문장과 다른 점이다. 그런데 위 문장은 어렵지 않게 다른 공리들로 증명할 수 있다.

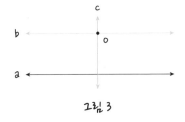

그림 3

· 떠 있는 점 o에서 직선 a로 곧바로 수직으로 내려가는 직선 c를 그린다.
· 그 점 o에서 그 직선 c에 수직이 되는 직선 b를 그린다.

수학의 감각

이렇게 하면 처음 직선 a와 세 번째 직선 b는 나란하게 된다. '평행한 직선이 최소한 하나는 있다'는 사실을 다른 순수한 공리만으로 증명하는 건 간단했다. 그러나 평행한 선이 2개도 3개도 아니고 딱 하나밖에 없다는 사실은 증명 없이 받아들여야 할 공리라니 고개가 갸우뚱거려질 수밖에 없다.

우리에게는 낯설지만 《원론》이 인류 문명사에 끼친 영향력은 막대하다. 첫손가락으로 꼽을 정도다. 이 책은 플라톤 학파부터 아인슈타인에 이르기까지 흠 없는 사고 체계의 표본이었을 뿐만 아니라 논리적 완결성으로 미적인 황홀감까지 안겨 주었다. 그런데 이 안에 고개가 갸우뚱거려지는 지점이 있다니, 더욱이 그것이 책 전체에 영향을 줄 도입부에서 공리로 소개되었다니. 사실 평행선 공리 없이 피타고라스 정리가 증명될 수 없고, 피타고라스 정리가 없으면 《원론》 자체가 흔들리고, 《원론》이 흔들리면 수학 전체가 흔들린다. 한마디로 평행선 공리는 수학 건축의 기초 중 기초라고 여겨졌다. 이렇게 중요한 부분이 불완전한 채로 남아 있다니, 지성인이라면 그냥 두고 볼 수 없는 일이었다.

그 취약 지점인 평행선 공리를 어떻게든 튼튼하게 해 두어야 했다. 갈 길은 둘 중 하나였다. 그냥 '평행선은 하나밖에 없다, 당연하다. 천상천하에 오로지 그것만이 참이다'고 믿고 넘어가는 길 하나, 아니면 다른 순수한 공리들로 문제점을 증명해서 공리의 자격을 박탈하는 길 하나. 믿고 넘어가는 길은 편하다. 하지만 그만큼 얻을 것도 제한되어 있다. 공리에서 끌어내리려는 길은 험난한 것으로, 그 길로 가려면 그만큼 강력한 도전 정신과 끈기와 지혜가 필요했다.

수많은 위대한 지성이 모험을 감행했으나 평행선 공리의 응전은 만만치 않았다. 실패한 사람들의 이름과 그들의 시도를 일일이 열거하려면 책 한 권을 가득 채워도 모자란다. 그런데 그 지적 모험들을 곰곰이 살펴보면 어김없이 하나의 공통점이 있다. 자신이 보기에 '지극히 당연한 생각'으로 평행선 공리를 '증명'해 냈다는 점이다. 즉, 평행선 공리를 다른 공리로 대체해서 평행선 공리를 공리의 지위에서 끌어내린 것이다. 그런 '지극히 당연한 생각'들의 예를 들어 보면 이런 것이다.

- 하나의 직선에서 같은 거리만큼 떨어진 점을 모두 모으면 직선이다(〈그림 4〉).
- 원에 내접하는 정6각형을 그리면 그 한 변의 길이는 원의 반지름과 같다(〈그림 5〉).
- 각이 있으면 그 안쪽의 어느 한 점을 지나면서 두 반직선을 지나는 직선은 최소한 하나가 있다(〈그림 6〉).

· 삼각형 세 각의 합은 180도다(〈그림 7〉).

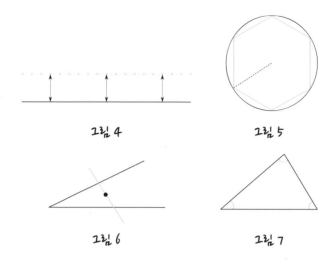

그림 4

그림 5

그림 6

그림 7

여기서 일일이 증명하지는 않겠지만, 이 4개의 명제 중 어떤 것을 도입하든 누구나 인정하는 순수한 공리들과 결합해서 평행선 공리를 '증명'할 수 있다. 그렇다면 평행선 공리는 공리의 자격을 박탈당했을까? 답은 아직 이르다. 왜냐하면 '지극히 당연하다고 여긴 생각들은 정말로 의심할 바 없이 순수한 것인가?'라는 질문에 답하지 않으면 아무 소용이 없기 때문이다.

안타깝게도 그들의 시도는 모두 실패했다. 평행선 공리보다 훨씬 당연하다고 여겨 새로운 공리로 도입한 그 생각이 모두 평행선 공리보다 나을 것이 하나도 없다는 게 드러났기 때문이다. 즉, 평행선 공리로 그들의 공리가 '증명'된 것이다. 기호로 써 보겠다. 먼저 A, B, C, D가 누구나 받아들이는 공리라 하자. 그리고 평행선 공리를 P라 하고 앞서 말한 4개의 새로운 공리 중 하나를 Q라 하자. 그렇다면 순수 공리 4개와 새로운 공리 1개, 이렇게 5개를 써서 평행선 공리 P를 증명할 수 있다는 사실은

$$\{A, B, C, D\} + Q \Rightarrow P$$

로 나타낼 수 있다. 그래서 P는 A, B, C, D, Q 5개 공리에서 파생되었으니 참일지라도 순수한 공리는 아니게 된다. 그런데 문제는 A, B, C, D, P 5개 공리로 Q를 증명할 수 있다는 것이다.

$$\{A, B, C, D\} + P \Rightarrow Q$$

따라서 P와 Q는 논리적으로 등가다. 생긴 것은 전혀 달라도 논리로만 보면 P와 Q는 전혀 다를 바가 없는 명제다. 이를 뒤집어 생각해 보면 평행선 공리가 없다면 삼각형 세 안각의 합이 180도라고 말할 수 없게 된다. 특히 〈그림 6〉과 삼각형 세 안각의 합이 180도임을 보여 주는 〈그림 7〉은 프랑스의 수학자 르장드르가 평행선의 공리를 끌어내리려고 증명할 때 도입한 '당연한 것'들 중하나였다. 그는 평행선 공리를 30년간 화두로 붙들었다. 그러나 번번이 자신의 시도가 실패했다는 사실을 깨달아야 했다. 그가 암묵적으로 당연한 것이라 여기며 도입한 모든 사실은 평행선 공리의 다른 모습일 뿐이었다. 상상해 보라. 성공했다며 환희에 들떴

수학의 감각

다 그것이 실패라는 사실을 깨
달았을 때의 절망을.

로장드르

완전하게 실패하는 것은 희
망의 씨앗이 된다. 2000년 넘
게 실패가 거듭되자 차츰 '위
대한 실패자'들이 등장하기 시
작했다. 그들은 위와는 전혀 다
른 방식으로 접근해 들어갔다.
1000년 전 페르시아의 시인이
자 대학자였던 오마르 하이얌과 그로부터 몇백 년 뒤에 태어난 이
탈리아 수도사 제로니모 사케리는 매우 독창적인 방식을 생각해
낸다.

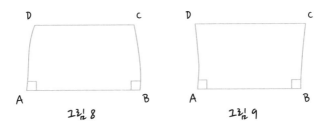

시간과 공간을 뛰어넘어 흡사한 생각을 했던 그들의 전략은 이
렇게 요약된다.

(1) 밑변의 두 각은 직각이고 나머지 C와 D의 각은 아직 모르는 사각
형을 상상한다.

(2) 이런 사각형에서 C와 D가 모두 직각이면 그것으로 평행선 공리를 '증명'할 수 있다는 사실을 밝혀낸다.

(3) 이제 C와 D 모두 직각이라는 사실을 평행선 공리 없이 밝혀낸다.

(4) 결국 순수한 다른 공리만으로 평행선 공리를 증명한 것이다.

기호로 요약하면 이야기의 골격이 잘 드러난다.

- 순수 공리 4개⇒"Q이면 P"…(2)
- 순수 공리 4개⇒Q…(3)
- 순수 공리 4개⇒P…(4)

(2)와 (3)을 보이면 자동적으로 (4)를 증명하는 셈이다. 순수 공리 4개로 (2)와 (3)만 보이면 평행선 공리가 증명되기 때문에 평행선 공리는 더는 공리가 아니다. 공리 자격 박탈! 이들은 어렵지 않게 (2)를 보였다. 문제는 (3)이었다. 그들은 (3)을 보이기 위해, 다시 말해 C와 D가 모두 직각이라는 사실을 순수 공리 4개만으로 증명하기 위해 문제를 둘로 쪼갰다.

① C의 각과 D의 각이 같다.
② C 또는 D는 직각이다.

이 중 ①도 순수 공리 4개만으로 밝혀냈다. 이제 ②만 남았다.

수학의 감각

성공이 눈앞에 있는 듯하다. ②
를 밝혀내기 위해 그들은 다시
그 문장을 변형했다. 각 C 또는
D를 다음과 같은 두 사실로 바
꿔 증명하며 완결하려고 했다.

람베르트

- 〈그림 8〉처럼 둔각일 수 없다.
- 〈그림 9〉처럼 예각일 수 없다.

각이 둔각도, 예각도 아니면 직각이 아니고 무엇이겠는가! 자,
이제 증명해야 할 것은 2가지다. 그중 '〈그림 8〉처럼 또는 D가 둔
각일 수 없다'는 사실까지 증명하는 데 성공했다. 성공이 이제 코
앞에 있다.

그들은 과연 성공했을까? 이번에도 아니다. 마지막 하나의 관
문을 통과하지 못한다. '나머지 각이 예각일 수 없다'는 사실을 순
수 공리 4개만 갖고는 도저히 증명해 보일 수 없었던 것이다. 수
도사로서의 의무 외에 평생 평행선 공리만 붙들었던 사케리는 결
국 이렇게 항복 선언을 할 수밖에 없었다.

나머지 각 C와 D가 둔각이 아니라는 것은 하느님의 섭리처럼 분명
한데, 예각인 경우는 불길한 별무리 같다.

더 엄격한 데서 출발한 이들도 있었다. 중세 아랍의 위대한 학자 알 하이삼과 근대 독일의 수학자 람베르트가 그들이다. 이 둘은 위와 비슷하지만 세 각이 모두 직각인 사각형에서 상상력을 펼치기 시작했다(〈그림 10〉). 나머지 한 각이 직각일 수밖에 없다는 사실을 순수 공리 4개로 보이는 것이 목표였다. 그러나 이들도 하이얌과 사케리처럼 '예각인 경우'에서 꽉 막혔다.

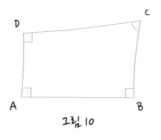

그림 10

그들은 평행선 공리 문제에 가장 가까이 접근한 사람들이다. 그들이 위대한 건 순수한 공리에 다른 무엇을 보태 생각한 것이 아니라 순수한 공리들만으로 문제를 해결하려 시도했다는 점이다. 그 덕분에 그들은 자신들도 모르게 새로운 기하학을 예감할 수 있었다. 예각에서 막힌 람베르트는 말했다고 한다. "예각은 단단한 호두 같군. 이런 경우는 '휘어 있는 평면'이라는 상상 속에서나 일어날 법한 일인데…" 여기서 '휘어 있는 평면'이라는 말에서 새로운 기하학의 얼굴이 얼핏 스친다. 평면이 '평평한' 것이 아닐 가능성, 공의 바깥 또는 안쪽처럼 볼록 또는 오목하게 휜 것이 평면일 수 있는 가능성 말이다. 이제 한 발만 더 가면 된다. 공간을 바라보는 사고를 전복하는 위대한 혁명까지는.

무에서 시작해 신세계를 만든다

———

수학이 폭발적으로 발달한 19세기의 여명이 밝아올 무렵, 새 시대를 열 혁명가들이 나타났다. 둘은 헝가리와 러시아의 푸릇푸릇한 젊은이였고, 한 사람은 수학의 왕 가우스다.

먼저 헝가리 청년 야노시 보여이다. 그의 아버지는 당시 수학의 중심지였던 괴팅겐 대학에서 수학을 공부했고, 친구가 거의 없던 가우스와도 친했다. 아버지 보여이는 문학과 예술에서도 재능이 뛰어난 낙천적인 수학 교수였지만, 평행선 문제가 화두처럼 평생 그를 괴롭혔다. 아들 보여이는 수학적 재능이 뛰어났음에도 안정적인 직업인 장교가 되기 위해 사관학교에 갔다. 하지만 훈련과 장교 생활에 적응을 못했고 주변 사람들과 다툼도 잦았다. 어떤 날은 하루에 12번이나 결투 신청을 받을 정도였다. 수학을 탐구하고 바이올린을 연주하는 것만이 인생의 낙이었다.

어느 날 아버지는 사랑하는 아들이 평행선 문제에 손대고 있다는 사실을 알게 되었고, 눈물 어린 편지로 아들에게 호소한다.

평행선에 가까이 가지 마라. 나는 심연의 밤을 거쳐 그것이 막다른 길임을 알게 되었다. 제발 평행선 연구에 뛰어들지 말거라. 젊었을 때 나는 진리를 위해서 기꺼이 희생할 수 있다고 믿었고, 기하학의 오점을 없애고 순수한 기하학을 인류에게 되돌려 주는 순교자가 되리라 결심했었다. 그리하여 차마 말로는 다 못할 만큼 엄청나게 애를 썼다. 어느 누구보다도 멀리 나아가 보았지만 완벽한 수준에는 이를 수 없었다. 나 스스로 그리고 전 인류를 가엾게 여기며 쓸쓸히 등을 돌려야 했다.

유클리드 이후 2000년 넘게 얼마나 많은 지성이 아버지 보여이처럼 평행선이라는 화두를 붙들고 평생을 순교자처럼 고뇌하다 비참하게 돌아서야 했는가? 그렇지만 아들 보여이는 실패를 두려워하기엔 아직 젊었다. 어느 날 아들은 아버지에게 흥분한 어조로 편지를 쓴다.

아버지, 아직 목적지에 이르지는 못했지만 매우 신비로운 사실들을 발견하고 있어요. 이 사실을 모르고 지나쳤다면 그 부끄러움을 씻을 수 없었을 거예요. 전 이 길로 가면 기어이 목적을 달성할 수 있으리라 믿습니다. 저는 무에서 시작해서 전혀 다른 세계를 만들어 가고 있습니다.

"무에서 시작"했다는 말이 핵심이다. 그 말은 평행선 공리를 아예 빼 버리고, 순수한 공리들에서 새로 시작했다는 뜻이다. 평행선 공리를 진리로 생각하지도 않고 그것을 증명하는 것도 뒤로 미루고 그것이 없었던 태초로 돌아가 시스템을 다시 짜 들어가는 원대한 시도를 한 것이다. 보여이는 평행선 공리 없이도 거미줄을 뽑아내듯이 도형의 성질들을 밝혀내 갔다. 그중 몇 개만 보면 이렇다.

- 이등변삼각형 밑변의 두 각은 같다.
- 삼각형 세 안각의 합은 180도를 넘지 않는다.
- 삼각형의 꼭짓점을 스치고 지나면서 둘러싸는 원이 있다.

논쟁거리였던 평행선 공리 자체를 빼고 깔끔하게 다시 시작하는 이런 기하학을 '절대기하학'이라 부르고, 거기에 평행선 공리가 추가된 기하학을 '유클리드 기하학'이라고 한다. 지난 2000년 동안 선배들이 했던 실패들을 비웃기라도 하듯 이 패기만만한 젊은이는 아예 새로운 기하학을 창조하는 길을 택했던 것이다.

같은 시기 독일. '완성하지 않은 것은 시작하지 않은 것과 같다'를 좌우명으로 삼아 엄정하게 살아온 위대한 수학자 가우스가 있다. 아버지 보여이는 아들 보여이의 성과를 친구 가우스에게 보낸다. 그런데 가우스의 답장은 친구와 그 아들의 가슴에 못을 박는 내용이었다. 보여이가 해낸 것은 매우 놀라운 성과지만 그건 이미 자신이 밝혀낸 것이라고 답한 것이다. 빈말은 아니었다. 가우스 사후에 발견된 일기에 따르면 새로운 기하학 시스템에 대해 이미 어느 정도 연구해 놓은 상태였다. 그 사실을 발표하지 않았을 뿐이다. 아직 연구가 미흡하다고 여겨서인지 아니면 그 결과를 발표했을 때 온 세상이 들썩거릴까 봐 조심스러워서 그런 것인지는 알 수 없다. 여하튼 젊은 야노시 보여이의 위대한 도전은 당대에 빛을 보지 못했고, 훗날 보여이는 정신병을 앓다 조용히 세상을 떠났다.

패러다임 자체를 다시 본다

———

　비슷한 시기 러시아. 모스크바에서 동쪽으로 800킬로미터 떨어진 도시 카잔에 대학이 세워지고 곧 수학에 특별한 재능을 보이는 한 학생이 입학했다. 하지만 그의 재능을 받쳐 줄 만한 교육제도가 아직 마련되지 않아 하마터면 그는 수학 공부를 그만둘 뻔했다. 게다가 그는 수십 번 경고에 제적 심의까지 받을 정도로 말썽꾸러기였다. 한밤중에 자기가 개발한 로켓을 발사해 온 동네를 발칵 뒤집어 놓는 식이었다.

　그런데 신비로운 인연의 끈이 그를 보호해 주었다. 학문 선진국인 독일에서 수학자들이 초빙되어 온 것이다. 그는 다시 수학에 흥미를 가졌고 독일 교수들과 아마추어 수학자였던 지방 관리의 도움으로 몇 번의 제적 위기를 넘겼다. 독일 교수 중에는 소년 가

우스를 수학의 세계로 이끈 베
르텔스도 있었다.

로바쳅스키

그 학생은 쉬는 시간에 베르
텔스에게 다가가 여러 질문을
했는데 그 깊이가 예사롭지 않
았다. 베르텔스는 개인 수업을
해 줄 정도로 그를 아꼈다. 그
덕분에 그 학생은 가우스, 라플
라스, 라그랑주 같은 당대 최고
수학자들이 이루어 놓은 따끈따끈한 최신 성과를 솜처럼 흡수해
갔다. 이 학생이 바로 니콜라이 로바쳅스키다.

로바쳅스키는 무사히 졸업했고, 모교인 카잔 대학 교수로 남
아 수학과 물리학을 가르쳤다. 1826년 그는 역사적인 논문을 발표
한다. 논문의 핵심은 평행선 공리를 독창적으로 해석한 것이었다.
그 역시 평행선 공리를 절대적이고 순수한 진리라고 여기지 않았
고 증명하려고도 하지 않았다. 여기까지는 보여이나 가우스와 비
슷했다. 그는 스스로에게 물었다.

직선은 '끝없이' 뻗어 가는데 그 미지의 무한 영역에서 왜 한 가지 가
능성만 당연한 것처럼 받아들여야 하지?

다시 말해 직선의 무한성이라는 성질이 개입된 평행선 공리에

서 왜 '유일하게 하나의 평행선만 있다'는 사실이 참이어야 하는지 되물은 것이다. 이 질문은 공간을 바라보는 사고를 뒤흔들어 놓았다. 그는 문제의 본질을 정확하게 진단한 후 이렇게 말한다.

나는 유클리드 기하학 자체가 불완전하다는 것을 발견했다. 그 시스템 자체의 불완전함이 기하학을 유클리드 상태에 갇혀 있게 한 원인이라고 생각한다. 각, 길이, 넓이 같은 기하학적 크기의 개념, 그것을 측정하는 방법도 모호하다. 평행선에 대한 가정이 이런 모든 불완전성을 보여 준다. 유클리드 기하학의 기초에 자리하고 있었던 이런 불완전성이 수많은 수학자의 노력에도 불구하고 아무런 성과도 거두지 못하게 했던 것이다.

그렇다면 그는 어쩌자는 것일까? 놀랍게도 평행선 공리를 버리는 데서 머물지 않고, 평행선 공리와 충돌하는 가정을 그 자리에 '대신 앉히는' 길로 갔다.

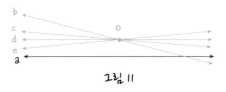

그림 11

즉, 주어진 직선과 그 직선을 지나지 않는 점이 있을 때, 그 점을 지나면서 그 직선과 만나지 않는 직선은 '끝없이 많다'는 것이다. 우리가 처음 던진 화두에 대한 그의 답은 간단하다. 마음의 빛 줄기 d는 c나 e처럼 회전해도 마음의 수평선과 만나지 않을 수 있 다. 물론 '아주 조금' 회전해야 한다. 그리고 그 '아주 조금'의 정 도는 마음의 별이 수평선에서 얼마나 멀리 떨어져 있느냐에 따라 달라진다. 〈그림 11〉에서 직선 b 정도로 '많이' 기울이면 마음 의 수평선 a에 내리꽂힐 수 있다. 그렇지만 매우 미세하게 회전할 경우에는 '어디에선지 모르지만 반드시 만난다'고 함부로 단정하면 안 된다. 회전을 더해 가다가 직선 c까지 기울이면 마음의 수 평선 a에 닿을 듯 말 듯 한 채로 끝없이 계속될 수 있기 때문이다. 거기서 조금만 더 기울여 버리면 그 직선부터는 직선 a에 꽂혀 버 릴 것이다. 그렇지만 직선 c 정도로 기울여서는 마음의 수평선과 만나지 않는다. 그는 이런 빛줄기 c를 '평행선'이라고 다시 정의한 다. 점 o에서 오른쪽으로 닿을 듯 말 듯 뻗어 가는 직선 c가 있다 면 왼쪽으로도 그런 직선이 하나 더 있을 것이다. 그림에서는 직 선 e다. 따라서 '2개'의 평행선이 있으며, 그 사이에 있는 빛줄기 d 를 포함한 '끝없이' 많은 모든 직선은 절대로 마음의 수평선에 닿 지 않는다.

이전의 이루 다 헤아릴 수 없이 많은 실패 원인을 로바쳅스키 는 시스템의 어떤 요소에서 찾지 않았다. 되레 시스템의 불완전성 을 직시하고 시스템 자체를 새로 도입했다. 새로운 시스템을 처 음부터 다시 짜 들어간 것이다. 〈기하학의 기초〉〈평행선에 대한 연구〉〈상상의 기하학〉〈보편 기하학〉이라는 논문 제목에서도 알

수 있듯이 그는 의식적으로 그동안 어디에도 없던 새로운 기하학 시스템을 창조하는 연구에 매진했다. 탱크를 몰아붙이듯이 말이다.

여기서 잠깐! 조심할 것이 하나 있다. 나는 지금 로바쳅스키 시스템은 옳고 유클리드 시스템은 틀렸다고 말하는 것이 아니다. 로바쳅스키 시스템도 불완전하기는 마찬가지다. 유클리드 시스템은 좁고 평평한 공간에 더 맞고, 로바쳅스키 시스템은 광활하고 휘어 있는 공간에 더 맞다. 모든 공간을 설명할 절대적인 기하학이 하나 있는 것이 아니라 공간에 따라 기하학들이 상대적으로 존재한다.

유클리드 기하학은 평행선이 하나라는 공리 위에 세워졌고 따라서 삼각형 세 각의 합이 180도이지만, 로바쳅스키 기하학은 평행선이 여럿인 공리 위에 세워져 삼각형 세 각의 합이 180도보다 작다. 물론 또 다른 기하학도 가능하다. 왜 꼭 평행선이 하나나 여럿만 있어야 하겠는가? 상상은 더 풍성하게 할 수 있다. 마음의 별을 지나면서 마음의 수평선과는 안 만나는 직선은 없는 것이 참인 기하학도 가능하다. 여기서는 삼각형 세 각의 합이 180도를 넘는다. 이렇듯 불완전한 기하학들이 서로 부족한 부분을 보완하면서 더 보편적인 기하학을 이룬다. 로바쳅스키가 기하학의 기초를 새롭게 다지는 계기를 마련하면서 바야흐로 절대적인 진리의 시대에서 상대적인 보완을 통해 보편성을 얻어 가는 시대로 넘어갈 수 있게 되었다. 이런 전환은 보여이가 말한 '무의 세계로 돌아가 다시 보기'와 로바쳅스키가 말한 '시스템 자체의 불완전에 주목하기'라는 누구도 예상치 못한 가정에서 출발한 결과다.

그리고 어떤 일이 일어났나

———

토마스 쿤이 말한 패러다임의 전환이 이처럼 극적으로 펼쳐진 사례도 드물다. 공간을 혁명적으로 바라보게 했지만 로바쳅스키의 삶은 그때부터 고난의 연속이었다. 멀리 떨어져 있던 노년의 가우스가 그를 괴팅겐 대학의 명예교수로 추천했다거나 그의 논문을 바로 읽기 위해 러시아어를 공부했다는 것도 위로가 되기 힘들 정도다. 그는 강의와 연구뿐만 아니라 행정 능력에서도 타의 추종을 불허해서 총장까지 오르지만, 그가 제창한 새로운 기하학은 무시당하거나 비난받기 일쑤였다. 그들의 생각은 이랬다.

"당신이 밝혀내는 새로운 성질들이 아직 문제가 없다고 칩시다. 설령 그렇더라도 그것은 현실의 공간을 반영하지 못하는 상상 속의 학문일 뿐이오. 아니면 '아직은' 문제가 없더라도 그 연구를 계속하다 보면 언젠가는 말도 안 되는 성질이 발견돼서 당신 시스템은 모순에 봉착할 겁니다. 우리의 순수한 이성과 충돌하는 그런 말도 안 되는 가정 위에 쌓아 올린 기하학이니 어렵겠어요?"

그렇지만 점차 시력을 잃어 가는 고난 속에서도 그는 아무도 내딛지 않은 평원을 향해 뚜벅뚜벅 걸어 나갔다.

눈밭을 걸어가거든
발걸음 어지러이 마라
오늘 나의 발자국
마침내 뒷사람의 이정표가 되리니

서산대사의 이 시에서처럼 그는 똑바로 나아갔고, 마침내 뒷사람들에게 새 길을 열어 주었다. 로바쳅스키 기하학이 아무 문제없고 앞으로도 문제가 있을 수 없음을 밝히는 건 후세대의 몫이다. 더 열린 사고와 더 발달된 수학의 기술로 무장한 새로운 세대.

20세기를 눈앞에 둔 때에 독일의 힐베르트는 평행선 공리는 증명될 수 없음을 엄격한 수학적 방식으로 증명했고, 독일의 클라인, 프랑스의 푸앵카레, 이탈리아의 벨트라미 같은 이들은 로바쳅스키의 기하학이 통하는 세상이 실제로 가능하다는 것을 여러 방식으로 보여 주었다.

이것을 이해하려면 평면, 직선, 거리, 각에 대한 기존의 직관을 수정해야 한다. 〈그림 12〉를 보면 평면이 더는 네모난 종이처럼 되어 있는 것이 아니라 원판 모양으로 둥글다. 그리고 '직선'은 부드럽게 휘어진 모든 선이다. 여기서, 우리가 맨처음 명상을 시작하며 그린 마음의 수평선은 부드럽게 '휜' 직선 a이고, 마음의 별은 점 o다. 보다시피 점 o를 지나면서 직선 a와 만나지 않는 직선

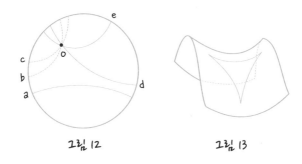

그림 12 그림 13

이 끝없이 많다.

말도 안 되는 얘기라고 생각하는 사람들은 자신도 모르는 사이에 세상을 유클리드 기하학으로 보고 있는 것이다. 평면은 평평하고 직선은 반듯하다고 보기 때문에 그렇다. 〈그림 13〉처럼 평면이 말안장처럼 휘어 있다고 상상해 보라. 여기서는 세 점을 지나 빛이 '직선으로' 가서 삼각형이 되면 그 삼각형 안각의 합은 180도보다 작아진다. 이런 평면이 어디 있느냐고 할지 모르지만 중력이 달리 작용하는 우주에도 있고 깊은 바다 안에도 있다. 그런 공간에서는 유클리드 기하학으로 어떤 현상을 설명하기 어렵고, 로바첸스키 기하학으로 더 잘 설명할 수 있다.

평행선이 전혀 없는 세상도 있을까? 이건 너무 억지스러운 상상이 아니냐고 할 수도 있다. 그러나 그 생각이야말로 억지스러운 상상이다. 그런 세상은 있다. 이런 기하학을 창조한 사람이 독일의 리만이다. 리만의 생애는 짧았고 통틀어 100쪽이 넘지 않는 연구 결과만 발표했다. 하지만 그가 남긴 한 마디 한 마디는 아직도 보석처럼 빛나고 있다. 그중에는 또 하나의 새로운 기하학을 창시

한 대목도 있다. 여기서는 어떤 직선이라도 모두 만나고 평행선은
없다. 지구 표면같이 동그란 평면을 상상하면 된다. 여기서 직선
은 모두 북극과 남극을 지나는 선들이라고 보자(〈그림 14〉). 그렇다
면 어떤 직선도 극에서는 모두 만나게 된다. 우리가 처음 화두를
던진 마음의 수평선이 ot를 잇는 직선이고 점 u가 마음의 별이라
고 해 보자. 그렇다면 점 u를 지나는 모든 직선은 마음의 수평선
ot와 항상 만난다.

　이 '평면'에서는 삼각형 안각의 합이 180도를 넘는다. 그림의
세 점 a, b, c를 잇는 것처럼 '좁은 부분'에서는 삼각형 안각의 합
이 거의 180도지만, 세 점이 아주 멀리 떨어져 o, u, t가 되면 180도
를 훨씬 넘는다.

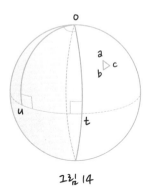

그림 14

　수학을 공부하는 사람들은 왜 이런 엉뚱한 상상을 하느냐며 이
상하게 생각할 독자도 있을지 모르겠다. 우선은 그런 논리적인 상
상이 재미있어서다. 게다가 그것이 진리에 더 가깝다고 믿기 때문

이다. 그래서 수학이 현실에 지대한 영향을 주리라고 본다. 아니나 다를까 이런 상상의 기하학들은 화가, 건축가, 과학자 들에게 막대한 영향을 끼쳐 왔다. 구체적으로 열거하자면 끝도 없다. 리만 기하학에 기대서 아인슈타인의 일반상대성이론이 정립된다는 이야기를 끝으로 이 길고 긴 인류의 드라마를 마쳐야겠다.

우리가 처음 던진 화두는 어떻게 되었던가? 2000년을 끌어온 평행선 문제는 인류 문명에 새로운 지평을 열었다. 시스템의 결함 '안'에서 몸부림쳤던 모든 시도는 아름다웠지만 결국 실패로 돌아갔다. 시스템 자체가 완벽하다고 보고 그 안에 있는 요소를 바꾸려 했기 때문이다. 시스템의 원점으로 돌아가 패러다임 자체를 바꿔 새 시스템을 창조해 갔던 시도만이 이 난제를 극복하게 해 주었다.

아무리 해도 어떤 문제가 해결되지 않는다면 시스템 자체의 결함에서 기인한 것일 수 있다. 그것을 직시하고 과감하게 껴안아야 한다. 시스템을 새로 정립하는 방법은 개인이나 기업처럼 단위의 크기, 그리고 문제 성격에 따라 다를 수 있다. 그렇지만 시스템 자체가 불완전하다는 것을 깨닫지 못하면 문제 해결은 요원하기만 하다.

진인사대천명(盡人事待天命)이라 한다. 문제를 놓아 버리고 하늘의 명을 기다리기 전에 지긋지긋하겠지만 한 번만 더 문제로 돌아가 보자. 혹시 문제를 이루는 시스템 자체에 결함이 있는 건 아닐까?

도대체
무엇이 나일까?

5장

근본만 남기고
말랑말랑하게
변신하기

그레고르 잠자는 어느 날 아침 악몽에서 깨어나면서,

그의 침대에서 자신이 괴물 같은 벌레로 바뀐 것을 발견했다.

카프카의 소설 《변신》의 첫 문장이다. 《백년 동안의 고독》을 쓴 마르케스가 "세상에, 소설을 이렇게 시작할 수 있다니!"라며 소파에서 떨어졌다는 일화가 있을 만큼 유명한 시작이다. 이 단편은 악몽을 꾸고 난 어느 날 아침 멀쩡했던 몸뚱이가 벌레로 변해 버린 남자의 이야기다. 벌레가 된 남자는 이제 직장에 나가 가족을 부양할 수 없고 숨어 지내야 하는 존재일 뿐이다. 겉보기는 그렇지만 그는 여전히 보고 듣고 생각하며 누이가 연주하는 바이올린 소리를 좋아한다. 몸은 변했어도 마음은 변하지 않았다. 살다 보면 우리는 반대의 경우도 만난다. 외모는 변하지 않았는데 마음 씀씀이가 변하는 수도 있다. 그럴 때, "저 사람, 변했어"라고 말한다. 겉모양이 어느 선까지만 변해야 나는 나일까? 하루에도 열두 번씩 변하는 마음이 어느 정도까지만 변해야 나는 나일까? 도대체 무엇이 '나'일까?

대상을 말랑말랑하게 보기

수학 이야기는 안 하고 이 무슨 뚱딴지같은 소리냐 할 독자가 있을지 모르겠다. 나는 '변화' 하면 가장 먼저 카프카의 그레고르 잠자가 생각난다. 그런데 '수학 물'을 먹은 이래 하나 더 생겼다. 원이다. 고정된 원은 아니고, 동그란 원이었다가 고무줄처럼 말랑 말랑하게 늘어났다 줄어들고 삼각형처럼 뾰족해지다가 얼룩처럼 휜다. 변신하는 원이다. 이런 변화무쌍함을 다루는 수학이 있으니 이름 하여 '토폴로지'. 여기서는 딱딱함의 세상에서 중요시했던 성질이 모두 의미를 잃는다. 흥미롭게도 우리는 이 수학 분야가 언제 어디서 무엇으로부터 시작됐는지 구체적으로 알고 있다. 250여 년 전 발트해 연안의 쾨니히스베르크에서 있었던 놀이가 그 기원이다.

쾨니히스베르크는 철학자 칸트가 평생을 보낸 곳이고 《호두 까기 인형》을 쓴 호프만의 고향이기도 하다. 이 도시와 수학의 인연은 각별하다. 1862년 대수학자 힐베르트가 태어났던 곳이고,

1930년 그가 백발을 날리며 고향으로 돌아와 "모든 문제는 풀린다. 우리는 알아야 한다. 우리는 알게 될 것이다"는 멋진 대중 연설을 했던 곳이며, 그해 약관의 괴델이 세계의 지성계를 뒤흔든 '불완전성 정리'를 처음으로 발표한 곳이기도 하다. 제2차 세계대전 후 러시아의 땅이 되고 칼리닌그라드로 이름이 바뀌었지만 이 도시가 여전히 쾨니히스베르크로 기억되는 이유가 있다. 일명 '쾨니히스베르크 다리' 문제가 바로 그것이다.

　서울의 한강처럼 쾨니히스베르크에도 프레겔강이 가로질렀고 뚝섬처럼 강 가운데에 섬이 있어서 도시는 크게 4구역으로 나뉘었다. 전쟁 폭격으로 둘이 없어지기 전까지 4구역을 잇는 다리는 7개였다. 중세의 붉은 기와지붕과 푸른 나무들 사이로 산책하길 좋아하던 누군가가 이 다리와 연관된 재미있는 놀이를 생각해 냈다. 다리를 한 번씩만 건너면서 도시의 4구역을 모두 돌아서 오기라는 놀이다. 가능하기나 할까? 별스러울 것 없어 보이는 이 문제가 수학의 지평을 활짝 넓혔다.

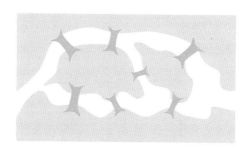

그림 1

〈그림 1〉처럼 다리가 7개다. 한 번씩만 지나면서 4구역을 모두 다녀오기라. 해 보면 금방 될 것 같지만 생각만큼 쉽지 않았다. 이렇게 해 봐도 안 되고 저렇게 해 봐도 안 되었다. 실패가 반복되면서 불가능을 암시하긴 했지만, 정말 불가능한지 아니면 가능한데 답을 못 찾는 것인지 마침표를 찍을 수 없었다. 이렇게 생각할 수 있다.

원천적인 불가능인지 아닌지 검토하는 게 뭐가 어려워? 가능한 모든 경우를 해 보면 될 것 아닌가?

그렇지만 모두 검토하려면 수천 번 해 봐야 한다. 이미 한 것은 다시 안 하고 가능한 모든 경우를 해 보려면 엄청난 의지와 집중력이 필요하고 아울러 일일이 해 볼 만큼 한가해야 한다. 그 정도 의지와 집중력이 있는 사람이 그 정도로 한가할 가능성은 적으니 이 방법은 별로다. 설령 오기로 이 방법을 써서 답을 알았다고 해도 어딘가에 9개의 다리, 100개의 다리가 있다면 그 해법은 아무런 쓸모가 없다. 처음부터 그렇게 하지 않는 게 낫다. 어떤 문제는 해결 자체보다 어떻게 해결하느냐가 더 중요하다.

오일러의 문제 접근: 말랑말랑하게 보기

이 문제에 최종적인 답을 한 사람이 '수학의 모차르트'라 불리는 오일러다. 스위스에서 태어난 그는 급성장하기 시작한 러시

아로 초청되어 수십 년간 살았
다. 어느 날 그는 전 시대의 천
재 라이프니츠가 쓴 글에서 이
문제를 발견한다. 라이프니츠는
각, 길이 같은 딱딱한 개념을 안
쓰는 새로운 기하학에 대해 고
민했고 이런 생각을 동시대 지
성들과 편지로 주고받았다. 선
배의 글을 읽던 오일러는 이것

답이 담긴 오일러의 편지

이 도형의 문제처럼 보이지만, 알려진 기하학으로는 풀 수 없음을
알았다. 그리고 미지의 영역에 그 해법이 있다는 사실을 천재적인
직관으로 간파하고 어느 날 한 편지에 이렇게 썼다.

질문 자체는 진부하지만 생각할 가치가 있는 문제입니다. 기존의 기
하학이나 대수학, 그리고 어떤 계산 재주도 이 문제를 푸는 데 충분
하지 않아요. 라이프니츠가 간절히 바랐던 위치에 대한 기하학에 속
한 문제가 아닌가 싶습니다.

이어서 상당히 고생하긴 했지만 매우 단순한 해법을 알아냈다
고 밝혔다. 정말로 지금은 초등학생도 이해할 수 있을 정도로 단
순하다. 오일러는 변신시킬 수 있는 것은 모두 변신시키면서 문
제를 단순한 형태로 만들고 거기에 집중했다. 〈그림 2〉의 (가)와

(나)에서 볼 수 있듯이 원래의 도시와 다리는 고무처럼 늘어났다 줄어들면서 변신한다. 문제의 기본 조건으로 제시된 연결 상태만 안 바꾸면 된다. A 지점에 집, B 지점에 성당, C 지점에 시장, 그리고 D 지점에 궁전이 있다고 상상한다. 다리를 건널 수 있느냐가 문제이므로 어디에 무엇이 있는지는 중요하지 않다. 따라서 그냥 기호 A, B, C, D로 두는 것이 낫다. 그렇게 1차 변형을 한다.

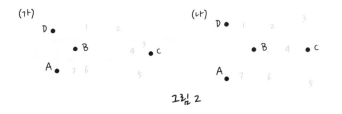

그림 2

A, B, C, D 지점의 위치도 중요하지 않다. 땅을 말랑말랑한 것처럼 변하게 하거나 다리를 옮겨 한쪽으로 몰아도 한 바퀴 돌고 와야 한다는 조건에는 영향을 주지 않기 때문이다. 물론 집에서 출발해 돌아오기까지의 거리나 각은 변하지만 이것은 우리의 관심사가 아니다. 얼마나 걸었는지 얼마나 동선을 짧게 했는지에 대한 문제가 아니기 때문이다. 문제의 핵심은 연결 상태다. 그래서 〈그림 3〉의 (가)처럼 다리와 집, 궁전, 성당, 시장을 옮겨도 된다. (나) 그림에선 강이 시원스럽게 늘어났다.

문제의 본질인 4지점과 7개의 길만 건져 올리고 나머지는 모두 사라지게 하면 마침내 가장 단순한 형태인 (다)를 얻는다. 이

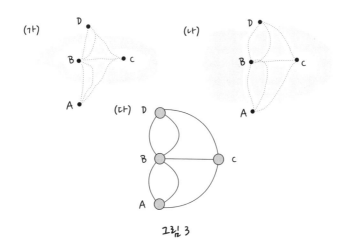

그림 3

제 집, 성당, 시장, 7개의 다리 같은 실체나 거리 개념은 완전히 사라졌다. 우리의 생각을 방해할 모든 것을 버린 셈이다. 남은 건 처음과 같은 연결 상태인 점과 선으로 이루어진 그래프뿐이다. 이제 문제도 풀기 좋은 형태로 바꾼다.

종이에서 붓을 떼지 않고 모든 점을 돌되, 선은 한 번만 지나는 방법은 있는가?

어떤가? 문제가 한결 우아해졌지 않은가? 알고 나니 당연해 보이는 것이지, 문제를 이처럼 쉬운 형태로 바꾸는 것이 쉽진 않다. 수학사를 통틀어 열 손가락 안에 들어가는 천재인 오일러도 "상당히 복잡했고 어려웠다"고 할 정도였다. 어쨌든 그는 해냈고 문제가 단순 명료해졌으니 이제 해결에 한층 더 가까워졌다.

단순한 형태인 〈그림 4〉를 보며 생각해 보자. 어느 점에서 시작하든 거기서 선 하나가 나가면 들어오는 선도 하나 있어야 한다. 집에서 출발했으면 집으로 돌아와야 하지 않겠는가. 집을 나갔다가 다시 잠깐 집에 들러도 되지만, 가야 할 곳을 모두 가지 않았다면 다시 나갔다가 마지막엔 집으로 돌아와야 한다. 그래서 시작점에 걸친 선들은 짝수 개여야 한다. 다른 점에서도 마찬가지다. 점으로 들어온 선이 있으면 반드시 그 점에서 나가는 선도 있어야 한다. 시장에 들어갔다가 나오지 않으면 집으로는 영영 올수 없기 때문이다. 그래서 어느 점에서도 나가는 선과 들어오는 선이 같은 횟수여야 하는 것이다. 결국, 붓 한 번으로 그리되 출발 지점으로 되돌아와야 하는 그래프라면 점에 연결된 선은 짝수여야만 한다.

짝수가 아니면 한 붓 그리기가 안 된다. 〈그림 3〉의 그림 중 가

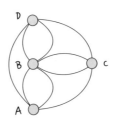

그림 4

장 단순화된 (다)를 보면 점 A, C, D에 선이 3개, B에 선이 5개 연결돼 있다. 따라서 붓을 떼지 않고 휘돌아 그릴 수 없다. 땅에 두 발을 딛고 걷는 사람이라면 어느 누구도 이런 낭만적이고 효율적인 산책을 할 수 없다.

이 경우 〈그림 4〉처럼 D와 A를 잇는 다리와 B와 C를 잇는 다리를 더 놓으면 문제를 간단히 해결할 수 있다. 방법은 아주 많다. 예를 들어 다음 노선으로 가면 된다.

$$D \to A \to B \to D \to B \to A \to C \to B \to C \to D$$

모든 점에 짝수 개 길이 연결되었으니 D뿐 아니라 아무 점에서나 시작해도 되고, 산책 경로는 아주 많아진다.

만약 꼭 제자리로 돌아오지 않아도 된다면, 즉 모든 다리를 한 번만 건넌 후 어딘가에 머물러도 된다면 어떻게 될까? 상황은 조금 바뀐다. 시작점에서 선이 하나 나가겠지만 꼭 그리로 안 돌아와도 되니 시작점은 홀수일 수 있다. 끝나는 점도 홀수인데, 다리 건너기를 하는 중간중간에 몇 번 들어오고 나가든 마지막에는 하나만 들어오기 때문이다. 결국 붓을 안 떼고 그리려면, 선이 홀수 개 연결된 점에서 출발해 홀수 개 연결된 점으로 돌아오면 된다. 나머지 점에서는 선이 짝수 개로 연결되어 있어야 할 것이다. 그래서 〈그림 5〉처럼 A와 D를 연결하면 A, D 지점에서는 선이 4개씩 나왔고, B와 C 지점은 홀수 개의 선과 연결되어 있다. 결국 시장 C에서 출발해 성당 B로 가기로 하면, 다리는 한 번씩만 건너고 집, 성당, 궁전, 시장을 모두 둘러볼 수 있다. 아니면 성당을 들렀다가 시장에서 여정을 마쳐도 된다.

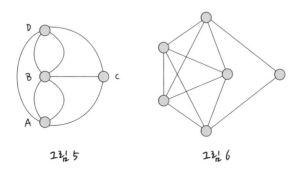

그림 5   그림 6

점과 선의 연결 상태만 바꾸지 않는다면 〈그림 6〉처럼 그래프가 점점 복잡해져도 짝수, 홀수로 문제를 풀 수 있다. 모든 것을 마음껏 말랑말랑하게 바꾸면서 문제를 가장 단순한 형태로 바꿔서 말이다. 시작은 소박한 놀이였지만 결과는 창대했다. 여기서 연결선은 산책 길뿐 아니라 전자 회로도나 상하수도 또는 도시와 도시를 잇는 교통로라고 상상해도 좋을 것이다. 그렇다면 쾨니히스베르크 다리 문제는 단순한 놀이가 아니라 실생활에도 크게 쓰이리라는 기대를 품게 한다. 아니나 다를까, 이 문제에서 수학의 굵은 가지들이 뻗어 나왔다. 복잡한 연결망의 성질을 탐구하는 '그래프 이론'과 완전히 새로운 기하학인 '토폴로지'가 그것이다.

토폴로지(Topology)란 말이 낯선 독자도 있을 것이다. 문자 그대로 해석하면 위치(topos)를 탐구하는 학문(logos)이라는 뜻이다. 이 새로운 영역에서는 그 이전의 기하학에서 핵심적인 역할을 했던 각과 길이가 의미를 잃는다. 즉 얼마나 기울어졌는지 또는 얼마나 높거나 넓게 공간을 차지하고 있느냐는 중요한 문제가 아니다. 공간은 늘어나거나 구부러져도 상관없기 때문이다. 토폴로지에서 중요한 것은 연결 상태다. 따라서 우리의 '보는 태도'가 바뀔 수밖에 없다. 오일러에게 어떻게 감사를 표해야 할까. 달리 방법이 없다. 모든 지점을 한 번만 지나 완성되는 연결로를 '오일러의 길' 또는 '오일러 산책'이라 부르는데, 자주 이 이름을 불러 주는 수밖에 없을 듯하다.

말랑말랑하게 보면서 상상력 증폭시키기

카프카의 《변신》을 읽고 해설서를 쓰던 《롤리타》의 작가이자 곤충 연구가였던 나보코프는 변신한 그레고르 잠자를 이렇게 상상했다.

그림 7. 나보코프의 《문학 강의》에 수록된 이미지

이 그림을 처음 보았을 때 나는 눈을 동그랗게 뜨지 않을 수 없었다.《변신》을 읽는 내내 나는 송충이 비슷한 벌레를 그리고 있었기 때문이다. 그 몇 년 뒤 말랑말랑한 수학을 만났을 때의 충격은 더 컸지만, 그 덕분에 변신한 그레고르에 대한 충격은 일소됐다. 왜냐하면 나보코프가 그린 것이나 내가 머릿속에 그린 벌레나 말랑말랑한 상상력으로 보면 다를 바 없었기 때문이다.

만화나 영화에서는 평범한 자동차가 천하무적 로봇이 되기도 한다. 매일 보는 물건도 말랑말랑하게 보면 다른 것으로 상상할 수 있다. 럭비공과 탁구공도 꿰맨 부분을 무시하면 다를 것 없고, 늘씬한 〈밀로의 비너스〉나 살찐 〈빌렌도르프의 비너스〉도 다르지 않다. 찻잔과 반지도 이런 태도로 보면 같다. 딱딱한 관점으로는 있을 수 없는 일이지만 상상력의 공간에서는, 찻잔이 반지를 꿈꾸기만 하면 〈그림 8〉에서 볼 수 있듯이 말랑말랑하게 변신해 가면

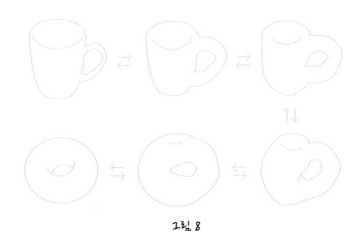

그림 8

수학의 감각

서 반지가 되고 반지도 찻잔이 된다.

공은 길어지기를 꿈꾸면 가래떡이 되고 날카롭고 싶으면 칼이될 수 있다. 연결 상태만 바꾸지 않는다면 무엇이든 같아질 수 있다. 어떤 형체든 어떤 문제든 그것의 연결 상태를 유지하면서 마음껏 주무르며 자유롭게 상상해 볼 수 있다. 이런 세계에서는 꿈꾸느냐 아니면 있는 그대로 볼 것이냐 그것이 문제인 것이다. 공간과 사물에 대한 관점이 이전과 달라진다.

그림 9

또 말랑말랑한 상상력은 위아래, 좌우에 대한 고정관념도 다시생각하게 만든다. 뫼비우스라는 독일의 수학자가 생각해 낸 유명한 띠를 보자(〈그림 9〉). 매우 단순한 상상력으로 믿기 힘든 공간이탄생한다는 것을 보여 준 대표적인 사례다. 지금은 재활용 표시로응용돼서 거의 매일 볼 수 있는 친숙한 이미지다.

뫼비우스의 띠는 공간에 대한 깊은 성찰도 촉구한다. 〈그림 9〉의 띠의 한 면에 개미가 산다고 하자. 이 개미에게는 위아래, 좌우가 없다. 개미는 왼쪽으로 전진했는데 어느새 반대 방향에 와 있고 위로 계속 걸었는데 어느 순간 아래에 가 있다. 끝없이 순환할 뿐이다. 위아래, 좌우뿐만이 아니다. '클라인 병'이라 불리는 표면은 안과 밖이 없다(《그림 10》). 이런 도형들은 말랑말랑하게 상상하지 않으면 도저히 떠올리기 어려운 것들이며 지금도 계속 탄생하고 있다. 이 도형들은 공간에 대한 우리의 서툰 직관을 반성하게 하고 세상은 신비로운 것으로 가득 찼음을 깨우친다.

그림 10

연결됨, 위와 아래, 안과 밖에 대한 고정개념을 깬 새로운 관점은 단지 수학의 이론 영역만 자극하는 것이 아니다. 과학에 응용되는 경우는 일일이 열거할 수 없을 정도이고 미술, 건축, 영화 등 예술 분야에서도 영감의 원천이 되었다. 특히 공간예술인 건축 분야에서는 이런 사고 전환에 더 민감할 수밖에 없다. 최근 새로운 공간 개념을 예술로 승화시킨 작품이 속속 나오고 있는 것도 이런 배경에서다. 예를 들면 호주 멜버른 인근의 별장들은 클라인 병의 수학적 상상력을 건축적 상상력으로 승화시킨 결과다. 경

수학의 감각

희궁 앞뜰에 설치되었던 '프라
다 트랜스포머'도 좋은 예다. 유
명 브랜드 '프라다'에서 만든 이
작품은 크레인으로 회전되면서
영화관이 되었다가 전시관이
되었다가 연극·패션쇼 무대로
도 변신했다.

프라다 트랜스포머

우리 몸은 매일 변하고 마음
은 아침 다르고 저녁 다르다. 그
런데도 다행히 주변은 나를 나로 알아봐 준다. 변신과 변덕에도
불구하고 안 변하는 특성이 있으니 그럴 것이다. 그 특성은 내가
아무리 변화시키려 해도 변하지 않는 것이고, 그것을 바꿔 버리면
다른 나로 인식하게 하는 것이다. 그 모든 변화에도 불구하고 남
는 고유한 속성, 그것이 '나'인 것이다. 거꾸로 생각해도 좋다. 나
라는 고유한 속성이 있는 한 말랑말랑하게 변화한 것도 나다. 드
러난 나는 지극히 일부일 뿐이고 고유한 속성을 지키는 한 나는
얼마든지 변화할 수 있다.

나의 고유한 속성을 알고 나를 변신시키기 위해 나는 무엇을
할 수 있을까? 나는 오일러가 길을 텄던 새로운 기하학을 생각한
다. 오일러는 쾨니히스베르크 시와 강과 다리를 말랑말랑하게 변
화시키며 점과 선의 연결 상태가 될 때까지 다 지워 갔다. 그러자
문제의 근본 골격이 드러났고 문제가 매우 단순한 형태로 바뀌어

간단히 해법을 찾을 수 있었다. 물론 반대로 생각해도 되었다. 점과 선의 연결 상태는 그대로 두되, 점과 선 대신 다른 무엇으로 말랑말랑하게 바꿔 보기 말이다. 그런 말랑말랑한 세계 안에서 찻잔은 반지를 꿈꾸자 반지가 되었다.

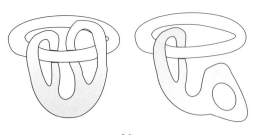

그림 11

덧붙임. 나는 '변화'라는 말을 들으면 '말랑말랑함의 공간'을 나도 모르게 상상한다. 말랑말랑한 상상은 훈련을 통해 개발할 수 있다. '말랑말랑한 상상력 기르기' 훈련을 위해 여러분께 문제 하나를 선물한다. 〈그림 11〉의 왼쪽에서 오른쪽으로 변신이 가능할까? 물론 연결 상태를 유지해야 한다. 다시 말해 끊었다가 붙이면 안 된다!

열쇠를 쥐고
찾을 때도 있다

6장

익숙한 것에서
답 찾기

사람은 자리를 정하고 확인하려는 본능이 있다. 몇 날 몇 시인지 궁금해하고, 1년에 1번씩은 몇 살인지 확인하여 작은 축제를 연다. 시간은 볼 수 없지만 사람들은 시간에 수를 대응시켜 달력을 만들어 냈다. 그것으로도 성이 안 찼는지 시간의 위치를 더 정밀하게 알고 싶어 시계도 발명했다. 어떤 도구를 쓰건 시간을 수로 나타내려면 기준 시점과 기준 단위가 있어야 한다. '지금'이 기준 시점에서 기준 단위로 얼마나 와 있느냐는 생각은 자연스럽게 과거, 현재, 미래라는 개념을 선처럼 그려 보게 했고 미래가 물결처럼 우리에게 온다는 상상까지 하게 이끌었다.

광활한 우주에서 길을 잃지 않으려는 노력은 공간까지 뻗친다. 그 결과 공간을 작은 도형으로 대응시킨 지도를 낳았다. 옛날에는 기준이 무엇이냐에 따라 어떤 지도에서는 중국이, 어떤 지도에서는 로마만 부각되었지만 지금은 어느 한 곳만 과도하게 나타내지

지도는 길을 잃지 않으려는 인간의 노력이 빚어낸 발명품

수와 도형을 통합하는 방향으로 수학을 이끈 데카르트(왼쪽)와 페르마(오른쪽)

않는다. 3차원의 공간을 2차원인 지도에 정확히 나타내는 것은 여전히 쉽지 않은 수학 문제이지만, 수와 도형을 통합한 수학이 등장한 이래 측정 기술과 지도 투영법은 비약적인 발전을 이루었다.

보이지 않는 것을 보고야 말겠다는 의지는 '기준 정하기'로부터 시작됐다. 더 정확하게 위치를 정하고 확인하고 싶었던 열망은 시간과 공간을 넘어 더 투철해졌다. 마음속에나 있는 줄 알았던 수와 도형까지 사진처럼 보려는 꿈을 꾼 것이다. 이 꿈을 완성하기 위해 X선 촬영이나 MRI 같은 고차원의 조작법이 필요한 것은 아니었다. 수나 도형은 마음으로도 볼까 말까 한 것들이라 눈으로 보려면 전혀 다른 시도가 필요했기 때문이다. 수는 수고 도형은 도형이라는 고정관념을 허물고, 전혀 달라 보이는 그 2개의 모델을 통합하려는 시도가 바로 그것이다.

사고 모델의 통합

브라질에 있는 나비 한 마리의 날갯짓이 태평양 연안에 태풍을 일으킬 수 있다. 이렇듯 작은 차이가 태풍 같은 큰 변화를 일으킨 예로 수와 도형의 통합만 한 것이 없다. 처음 통합을 주창한 이들도 자신들의 새로운 생각이 혁명의 씨앗인 것을 온전히 예측하지는 못했다. 수와 도형을 좌표라는 하나의 틀로 통합할 수 있게 이끈 선구자로 데카르트와 페르마를 꼽는데, 페르마는 이런 생각을 친구들과 주고받은 편지에 썼고, 데카르트는 철학·과학·수학 분야를 망라한 명저 《방법서설》에서 나타냈다. 이 책은 크게 4부

분으로 되어 있는데 철학 부분은 〈방법서설〉로 알려졌고, 수학 부분은 〈기하학〉에 담겨 있다. 특히 〈기하학〉에서 나오는 '모르는 값은 x, y로 쓴다'는 문장은 당대에는 혁신적인 발상이었다. 잡히지도 보이지도 않는 수에다가 위치와 방향을 부여하는 좌표 개념을 상상할 수

있는 단초를 제공해 주었기 때문이다. 그런 점에서 데카르트의 이 소박한 시도는 그야말로 태풍을 일으키는 나비의 날갯짓이었다.

《방법서설》을 쓰기 한참 전부터 데카르트는 어떤 문제든 해결할 수 있는 보편적 방법을 발명하고 싶었다. 청년 시절부터 수학, 과학, 철학, 정치, 사회 분야를 가리지 않고 해결해야 할 문제가 생기면 확실하게 풀 수 있는 무소불위의 비법을 찾으려 골몰했다. 이성주의 시대의 대표 주자다운 대담한 모험을 시작한 것이다. 이십 대 초반인 1619년 그는 원대한 포부를 갖고 '정신을 이끌기 위한 규칙'이라는 무시무시한 제목의 책을 쓰기 시작했다. '동방불패'가 되려면 비서(祕書) '규화보전'이 있어야 한다. '생각하기의 비서'나 다름없는 그 책의 첫 문장은 이렇게 시작된다.

우리 연구의 목표는 제기된 문제가 무엇이든 견고하고 올바르게 판

수학의 감각

단할 수 있도록 마음을 지도하는 것이어야 한다.

자못 비장하게 시작했던 애석하게도 이 책은 완성되지 못한다. 처음 구상했던 36개의 비책 중 21개만 거칠게 쓰이고 만다. 이 비서에 관심 있을 독자를 위해 그 21개를 몇 줄로 요약해 보았다.

- 모르는 것을 아는 것처럼 미지수로 나타낸다.
- 문제를 잘게 쪼개 수학 등식들로 바꾼다.
- 수학 법칙을 적용해 계산하듯 풀어 간단히 한다.
- 가능하면 덧셈과 뺄셈으로 한다.

애석하게도 무소불위의 해결법을 터득하려면 수학을 모르면 안 될 것 같다. 사실 데카르트만 이런 생각을 한 것은 아니다. 17세기 중반에는 깃털 달린 레이스와 차양이 넓은 모자만 유행했던 게 아니다. 포크와 나이프가 유행하면서 식탁에서 '보편적인' 방식이 자리 잡던 시기다. 아울러 정신세계에서도 세상의 모든 것을 표현할 보편적인 언어, 모든 문제를 해결할 수 있는 보편적인 해법을 찾는 것이 유행이었다. 그들은 대체로 수학에서 길을 물었다. 구체적인 방법은 다르지만 이 전통은 라이프니츠를 거쳐 지금까지 이어져 마침내 인공지능 시대에 이르렀다.

수학에서 보편적 원리의 길을 찾던 데카르트는 먼저 수학적 사고 틀부터 하나로 통합하기로 한다. 지금이야 수학의 분과가 수천 개이지만 당시만 해도 수학은 도형의 성질을 주로 탐구하는 기하학과, 수와 식을 주로 다루는 대수학 분야로 크게 양분되어 있었다. (미적분학은 아직 탄생하지 않았고 데카르트의 시도가 미적분학을 만든 중요한 초석이 된다.) 이 둘은 다른 언어와 사고 체계를 쓰고 있어서 이질적인 것으로 여겨졌다. 기하학은 도형이라는 언어를 쓰고 증명을 주로 하는 사고 체계였고, 대수학은 수와 식이라는 언어를 써서 계산을 주로 하는 사고 체계였다. 완전히 다르다고 생각했던 둘을 통합할 열쇠는 우리가 닿을 수 없는 높고 험난한 곳에 있지 않았다. 아주 가까운 곳에 있었다. 위도, 경도가 있는 지도 하면 생각나는 것, 좌표라는 개념이 바로 그것이다.

익숙한 것에 사고 통합의 열쇠가 있다

———

오늘날은 초등학생도 수직선을 안다. 수를 직선에 나타낸다는 생각은 너무 당연해서 말할 가치도 없어 보인다. 하지만 이것은 혁명적인 발상이었다. "애걔, 이게?"라고 갸우뚱할 수도 있다. 하지만 곰곰이 따져 보자. 예를 들어 '하나'를 나타내는 one, 一, 1은 모두 '하나'라는 수를 나타내는 기호일 뿐이다. 도대체 '하나'라니 그게 어디에, 어떻게 있단 말인가? 마음속에 있을까, 마음 밖에 있을까? 안이라면 어디, 밖이라면 어디일까? 종이 한 장을 들고 있으면 하나이고 둘로 찢으면 두 장이 되니 둘이다. 종이는 하나였을까, 두 개였을까? 생각할수록 밑 없는 수렁으로 빠지는 격이니 여기서 물음을 멈추고 과감하게 마침표를 찍자.

엄지손가락 하나를 꼽을 때, 사과 한 알을 집을 때, 나뭇잎 한 장이 내 발 앞으로 떨어질 때, 경우는 다르지만 우리도 모르게 느끼고 인식하는 그 총체적인 무엇을 '하나'라고 합의하기로 한다. 결국 '하나'는 모든 하나를 일컫는 추상적 개념이다. 이렇게 보면 하나는 분명히 양적인 개념이다. 1개, 2개, 3개로 셀 수 있는 그 무엇들이 하나, 둘, 셋 같은 수로 인식되면서 숫자라는 외피를 두르게 된 것이다. 숫자는 신기루 같았던 수를 입으로 말하고, 눈으로 보고, 손으로 적을 수 있게 해 주었다. 지금 전화를 걸어 "통닭 두 마리만 갖다 주세요" 하면 놀랍게도 '두 마리'가 정확히 배달된다. 이런 놀라운 일이 가능한 것은 수의 외피 덕분이다. 그렇지만 미국에 가서 한국말로 '두 마리'라고 하면 통닭은 영영 오지 않을 것이다. 수는 어디나 같지만 표현법은 수천 가지다. '두 마리' 대신 미국에서도 2라는 기호를 써서 보여 주면 그들도 쉽게 이해한다. 말로 부르는 숫자는 통합이 안 되었지만 손으로 쓰는 숫자는 1, 2, 3, …으로 거의 통합을 이루어 냈기 때문이다.

눈발 흩날리던 3월 어느 날 나는 모스크바에서 감자를 한 보따리 살 수 있었다. 유학 간 지 사흘밖에 안 돼 러시아 말을 전혀 몰랐지만 내가 종이에 쓴 숫자로 상인은 눈치껏 대처해 줬다. 빵을 살 때도 그랬고 우유를 살 때도 그랬다. 숫자 기호를 통합해 낸 조

상들의 지혜 덕분에 나는 배곯지 않고 유학 생활에 부드럽게 정착한 것이다. 다시 강조하지만, 숫자 쓰기가 하나로 통합되는 데는 수천 년이 걸렸다.

그래도 "몇 개"라고 말할 수 있다면 괜찮은 편이다. 우리말로 음수(陰數)라고 부르는 수 -1, -2, -3, …은 셀 수 있는 물건과 상관이 없다. 중국인이나 인도인들은 자신들의 세계관 덕분에 양(陽)에 대칭해서 음(陰)이 있다는 것을 자연스럽게 받아들였다. 하지만 중세 유럽인들은 그렇지 못했다. 손으로는 -1개를 꼽을 수도, -1개인 사과도 없기 때문이다. 음수를 받아들일 수밖에 없는 지경에 이르러서도 불길함을 떨칠 수 없었다. 그래서 음수를 '부정적인 수(negative number)'라고 쓴다. 사실 음수라는 신개념과 그것으로 셈을 하는 신기술은 혁신이라고 할 만큼 편리한 것이었다. 받아들이자니 수에 대한 기존 개념이 흔들리고, 안 받아들이자니 불편한 진퇴양난의 상황이었다. 그런데 이런 복잡한 실타래를 단칼에 베어 버린 엑스칼리버가 나타났다. 바로 직선이다!

직선에 수를 대응시키자 음수는 너무나 당연한 존재로 받아들여졌다. 음수는 캄캄한 데서 들려오는 아우성처럼 불안한 것이었는데, 이제 항상 우리 곁에 있던 것인 양 온순한 존재로 받아들여진 것이다. 다만 음수가 수로 완전히 인정받기까지는 데카르트 이후 약 200년이 걸린다. 그 긴 역사를 몇 마디로 짧게 줄이면 이렇게 요약할 수 있다.

- 기준점을 잡는다. 그 점을 0이라 한다.
- 기준 단위를 아무거나 정한다.

여기까지는 시간과 공간을 달력과 지도로 묶는 것과 크게 다를 바 없다. 수의 세계와 기하학의 세계, 즉 두 세계를 통합하는 과정의 백미는 바로 그다음이다.

- 기준점에서 오른쪽으로 기준 단위 하나 떨어진 곳에 1을 대응시킨 다.
- 기준점에서 왼쪽으로 기준 단위 하나 떨어진 곳에 −1을 대응시킨다.

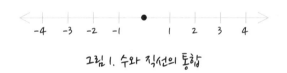

그림 1. 수와 직선의 통합

수와 대응시키는 방법도 지극히 단순하다. 직선에 기준점, 기준 단위 그리고 '방향'이라는 3가지 요소로 수를 위치시킨 것이다. 그다음부터는 일사천리다. 이제 표시된 점과 점 사이를 쪼개 가면서 분수를 표시하면 되었고, 그것에 대응하는 음의 수는 0을 기준으로 반대편에 두면 되었다. 다시 말해 0을 기준으로 180도 돌리면 양은 음이 되고 음은 양이 되는 것이다. 음수는 그 자체로도 불길한데 그 수를 곱하기까지 한다니 당시 사람들은 납득하기 어려

왔다. 하지만 수직선이 나오자 아주 간단한 일이 돼 버렸다. 예를 들어 2×(-1)은 수직선에서 2를 180도 회전한 지점을 뜻한다. 이렇듯 수직선은 워낙 깊은 곳까지 건드렸기 때문에 파급력이 매우 컸다. 사고의 혁명이 일어났다고 할 수 있을 정도다. '어느 정도'라는 고정관념에서 수를 해방시켜 '어디'가 되어 버렸다. 음수를 향한 의심의 눈초리가 거두어지고 음수의 생존권은 확실하게 보장된 것이다.

모호했던 수가 직선이라는 인화지에 이미지를 드러내자 세상이 달라졌다. 눈으로 볼 수 있으니 양수에 크기와 순서가 있듯이 음수에도 크기와 순서가 자연스럽게 드러났고, 덧셈과 곱셈을 하는 이치도 척척 맞아떨어졌다. 역사적인 사고 통합의 열쇠는 항상 우리 곁에 있었던, 바로 평범하기 그지없는 직선이었으며 수 하나를 점 하나에 대응시키는 방법도 상식을 결코 넘어서지 않았다.

사고 통합의 완성: 2개의 기준틀로 보기

수가 직선에 걸치면서 이전에 없던 반대쪽의 세계가 열렸다. 신대륙의 발견이나 다름없다. 여기서 한 걸음 더 나아가면 우주 개발에 견줄 만큼의 기술적 진보가 이뤄진다. 하지만 그 전에 시작한 사고 통합을 완결 지어야 한다. 수는 점이 되고 점은 수가 되는 통합을 이루어 내기는 했지만 아직 통합은 완성되지 않았다. 직선 하나에 모든 수를 담았다면 직선 자체는 무엇과 대응할까? 곡선은 어떻게 나타낼까? 통합을 완성하려면 이런 질문들에 답해야 했다.

사고 통합이 일어나기 전에 점이란 '부분을 갖지 않는 그 무엇'이었고 까맣고 작게 찍어 나타냈다. 도형에는 점만 있는 게 아니다. 가장 단순하고 완전한 도형인 직선과 원도 있다. 직선처럼 완전히 반듯한 것이 있고 원처럼 완전히 동그란 것이 있다. 선과 선이 교차하면 거기 추억처럼 점이 남는 것으로 생각했다. 점 하나를 수 하나로 통합해서 서로 볼 수 있게 했다면 직선과 원은 어떻게 대응시켜야 할까? 이런 질문에 올바로 답을 못한다면 사고 통합은 불완전한 상태로 남아 있을 수밖에 없다. 직선의 한 점과 수 하나를 대응하는 데서 머무르지 않고 평면의 한 점과 수의 쌍을 대응하는 데로 나아가야 이 불완전을 해결할 수 있다. 원은 평면에 있는 어떤 점들의 모임이니까 말이다. 그러나 어떻게? 화룡점정을 찍듯 이 문제를 해결한 것이 파리 한 마리이다. 이에 관한 흥미로운 일화를 정리하면 이렇다.

데카르트는 어려서부터 허약했다. 누워 지내는 시간이 많았고 그럴 때면 사색에 잠겼다. 그날도 침대에 누워 기하학의 점과 대수학의 수를 통합해 세상의 모든 문제를 수학으로 풀려는 원대한 꿈을 꾸고 있었다. 그런데 난데없이 파리 한 마리가 앵앵 날아다니는 것이다. 그 바람에 도무지 사색에 집중할 수가 없었다. 파리는 천장 이곳 저곳에 앉아 있다 날아갔다 했다. 그 순간 데카르트 머릿속에서 번쩍 번개가 쳤다. 파리를 점으로 하고 파리가 앉은 천장을 수의 평면으로 생각하면 평면의 점도 수와 대응시킬 수 있겠구나!

여느 수학 교양서에서 곧잘 소개되는 내용인데, 근거 없는 이야기다. 딱딱한 이야기를 재미있게 전하려고 꾸며 낸 것이리라. 하지만 이 속에 핵심은 고스란히 담겨 있다. 천장은 가로와 세로라는 2개의 기준으로 되어 있으니 까맣고 작은 파리를 가로로 얼마, 세로로 얼마로 해서 나타내면 된다. 게다가 우리에게는 이미 수직선이 있으니 하나를 복제해 추가하면, 파리의 위치를 수로 표현할 수 있다!

사고 통합을 위한 열쇠를 쥐고 있는 '평면의 점'을 포착하기 위한 과정을 간단히 정리하면 이렇다.

- 기준을 수직선 둘로 한다. 기준 단위는 수직선이 둘 다 같다.
- 두 기준점을 겹치게 하고 직각이 되게 한다.
- 정한 것이 없으니 가로 수직선을 x, 세로 수직선을 y라고 부르기로 한다.
- 가로의 어느 방향으로 얼마만큼, 세로의 어느 방향으로 얼마만큼으로 평면의 점을 포착한다.

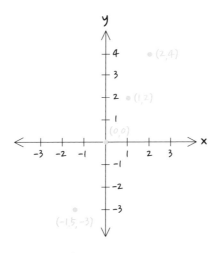

그림 2. 직교좌표

이 절차를 마치면 〈그림 2〉처럼 십자가 모양이 만들어진다.

어떻게 표현해야 할지 막연했던 평면의 점이 X선 촬영이나 MRI로 찍히듯 수로 찍혀 나올 수 있다. 시간과 공간이라는 망망대해에서 위치를 확인하고 싶었던 우리는 마침내 점이라는 '부분을 갖지 않은 그 무엇'에 대해서도 위치를 정하고 확인할 수 있게 되었다. 오른쪽과 위쪽을 더 선호하는 문화라서 오른쪽과 위쪽을 양수로 정하고 왼쪽과 아래쪽을 음수로 정했을 것이다. 그래서 〈그림 2〉에서 오른쪽 위에 있는 어떤 점은, x라는 이름이 붙은 가로 수직선의 기준점 0에서 오른쪽으로 2칸, y라는 이름의 세로 수직선의 기준점 0에서 위로 4칸 올라간 지점에 있으니 (2, 4)라는 쌍으로 나타난다. 왼쪽 아래에 있는 어떤 점은 x에서 0을 기준으로 왼쪽으로 1칸 반, y에서 0을 기준으로 3칸 내려오니 (-1.5, -3) 인 쌍이 될 것이다. 당신이 평면의 어떤 점을 가리키든 나는 기준을 만들어서 수의 쌍인 (x, y) 틀로 나타낼 수 있다. 당신의 점은 내게 수의 쌍이고, 나의 수의 쌍은 당신의 점이다. 우리는 달리 말하지만, 같은 것을 말하고 있다. 수와 평면이 통합된 것이다.

점 하나를 포착하는 기술을 터득했기 때문에 다른 수많은 점도 찍을 수 있으며, 마침내 직선 자체와 더 복잡한 도형까지도 그려 낼 수 있다. 여기서 주목할 것은 대통합을 가능하게 했던 것이 하늘의 별 따기처럼 어려운 것만은 아니었다는 점이다. 알아채기 힘들 정도로 매우 익숙한 것을 빌려 와 누구나 이해할 만한 상식으로 조직했다. 이제 우리는 대통합의 완성을 목전에 두고 있다. 점의 모임을 표현할 방법만 찾으면 된다. 점의 모임은 수의 쌍 하나로는 부족할 수밖에 없다. 하나의 수의 쌍은 평면의 점만을 나타내기 때문이다.

어떤 모임이 있을 때 구성원 개개인이 그 모임의 성격을 드러내는 동시에 그 모임도 개개인을 규정한다. 내 행동들이 나를 드러내는 동시에 나 역시 행동을 규정하는 것과 같은 이치다. 수학의 나라라고 다르지 않다. (1, 2), (-1.5, -3), (2, 4)라는 낱낱의 점이 모두 하나의 직선을 구성하는 점들이라면 그 (x, y)의 틀이 그 점들을 규정한다. 그 규정은, 그 점들은 모두 가로 수직선에서 오른쪽으로 1칸 가면 세로 수직선에서 위로 2칸 간다는 것이다. 기호로 정리하면 어떤 점(x, y)도 (x, 2x)인 관계를 갖는다. 다시 말해 그 점들은 y=2x라는 각별한 인연으로 맺어진 점들이다. 그 점들이 모이면 직선이 되는 것이다. y=2x를 2x-y=0으로 써도 된다. 그러므로 2x-y=0 관계로 맺어진 (x, y) 점들의 모임도 직선이다. 마찬가지로 4x-3y=0도, 100x-1000y=10000도 모두 직선이다. 더 일반적으로는 ax+by+c=0 꼴의 '등식'은 모두 직선이다. a, b, c에 어떤 수가 오느냐에 따라 조금씩 다른 인연이 되긴 하지만, 모두 반듯한 인연으로 모인 점의 모임, 다시 말해 직선일 뿐이다. 모든 직선은 그런 등식으로만 나타난다.

이런 관점에서 보면 동서고금을 막론하고 가장 완전한 형태이자 가장 유용한 도형으로 추앙받는 원도 '등식'일 뿐이다. 다만 직선과는 다른 규칙으로 모인 점의 모임이란 점이 다를 뿐이다. 굳이 설명은 않겠지만, 원은 $x^2+y^2=1$이나 $x^2+2x+y^2-4y=10$ 꼴이고 이것을 더 일반적으로 나타내면 $(x+a)^2+(y+b)^2=c$다. 즉 직교좌표에서 이런 꼴로 된 모든 (x, y) 점이 모여 원이 되는 것이다. a, b, c에 무엇이 들어가느냐에 따라 우리는 이 원이 얼마나 큰지, 기준점에서 얼마나 떨어져 있는지 등의 성격을 파악할 수 있다. 제곱 꼴이 나오니 직선보다는 복잡해졌지만 어쨌든 '등식'으로 원을 나타냈다.

이것으로 기본적인 도형들의 세계와, 수와 식의 세계가 대통합을 이뤄 냈다. 수와 식은 도형이고, 도형은 수와 식이 된 것이다. 모든 도형이 다 그렇다. '겨우 점과 직선과 원만 말해 놓고 모든 도형이라고?'라며 서두르지 않아도 된다. 직선과 원처럼 기본적인 것들을 등식으로 나타냈으니 더 복잡한 도형도 등식으로 나타낼 수 있다. 수식으로 나타내는 것도 아름답지만 그건 참기로 하고, 아래 그림들을 보자. 이 시적인 이름을 가진 수려한 모양의 곡선들도 모두 등식으로 표현된다는 점만 유념하면 된다. 그림의 형태가 복잡하면 식도 복잡해진다.

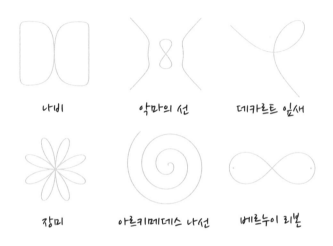

나비   악마의 선   데카르트 잎새

장미   아르키메데스 나선   베르누이 리본

사고 통합으로 일구어 낸 새로운 상상력이 일으킨 날갯짓이 태풍을 일으켰고 거대한 흐름을 만들어 냈다. 함수, 미분, 적분의 개념들은 이 흐름에서 솟구친 용들이었다. 이들 없이 현대 과학은 없었다고 본다. 낯선 곳에서 수첩 크기의 내비게이션이 해 주는 말을 따르며 느긋하게 운전할 수 있는 것도 사고 통합 덕분이고, 하늘을 날면서 비행기가 길을 잃지 않는 것도 사고 통합 덕분이며, 인공지능 로봇이 인간과 바둑을 둘 수 있는 것도 사고 통합

수학의 감각

덕분이다. 게다가 생물학적인 한계 때문에 우리는 4차원을 눈으로 볼 수 없는데 사고 통합 덕분에 식으로 표현하여 대수롭지 않게 만지작거린다. $x+y=0$이 평면의 직선이었으니 $x+y+z=0$은 3차원 공간의 직선일 것이고, $x+y+z+w=0$은 4차원의 직선일 것이다. 물론 계속 차원을 높여 가도 된다. 우리의 상상력은 나비 날갯짓처럼 자유롭게 펄럭인다.

이 모든 것의 시작은 매우 소박했다. 익숙한 것을 상식으로 풀어냈을 뿐이다. 다만 의문이 하나 든다. 9세기 말에 대수학이 탄생했는데 왜 700년이나 지나서야 대수학과 기하학의 통합이 시작된 것일까? 무거운 주제이지만 나는 그 이유를 이렇게 생각한다. 대수학이라고 불리는 수와 식의 세계에 사람들이 충분히 익숙해졌기 때문이라고. 대수학에 충분히 익숙해지지 않았다면 데카르트 같은 천재라도 사고 통합이라는 거대한 흐름을 만들지 못했을 거라고. 사실 좌표로 도형을 포착할 수 있다는 생각은 이미 2000년 전 아폴로니우스가 했다. 다만 그는 거기서 한 발짝도 못 나갔을 뿐이다. 그가 사랑했던 원, 타원, 포물선, 쌍곡선은 당시의 좌표 기술로는 수와 식으로 멋지게 변신시킬 수 없었기 때문이다. 그때는 수를 나타내는 기호인 숫자조차 매우 불편했고 0과 음수를 수로 생각하지도 않았다. 이런 환경 탓에 도형을 수식으로 다룬다는 것은 하늘에서 별을 따는 것만큼 어려운 일이었다. 그렇다 보니 사고 통합을 위한 기본 조건 '익숙한 것에서 찾아라'가 애초에 불가능했다. 사고 혁명이라는 이슬방울은 충분히 익숙하고 유용한 것들이 합수(合水)할 때 비로소 큰 물길을 이룬다.

좌표법은 말한다. '익숙하고 유용한 것에서 찾아라. 이것이 통합의 대원칙이다'고.

수학의 감각

멀리서 보아야
전체가 보인다

7장

거리 두고 문제를
통째로 보기

빼곡한 책장에 책을 한 권 더 꽂으려고 시도해 본 사람은 안다. 책 틈을 애써 벌리려는 건 현명한 방법이 아니라는 것을. 그보다는 틈새가 조금 벌어진 곳에서 두 권을 반쯤 꺼낸 후 새 책을 붙여 세 권을 한꺼번에 밀어 넣는 게 더 쉽다. 독자들 중에는 이미 이 방법을 스스로 터득한 분이 있겠지만, 이 간단한 원리를 나는 나이가 꽤 들어서야 배웠다.

모스크바 유학 시절, 점심을 먹고 나면 나는 학교 안 헌책방에 들러 옛날 책 보는 걸 즐겼다. 그런데 책이 워낙 빼곡하게 꽂혀 있어 한 권을 꺼냈다가 다시 집어넣으려면 애를 먹곤 했다. 책방 주인은 척척 잘도 끼워 넣는데 말이다. 그가 쓴 방식이 두 권 꺼냈다가 세 권 넣기였다. 나는 문제를 있는 그대로 놓고 풀려고 했다면, 그는 문제에서 한 발짝 떨어져서 보고 자기 방식으로 풀려고 한 것이다. 소소한 경험이지만 그 순간 감동했다.

어떤 문제가 놓여 있을 때 그 문제 속으로 들어가 공식 매뉴얼대로 하는데도 안 풀리는 경우가 있다. 이럴 때는 달리 접근해야 한다. 먼저 한 발 물러서서 문제를 봐야 한다. 수학의 역사에도 이런 사례는 아주 많다. 이해하기 쉬운 예를 하나 보겠다. 20대에 '수학의 왕'에 등극한 가우스가 소년 시절에 접근한 방법이다.

문제를 해결하는 몇 가지 유형

가우스는 말보다 셈을 먼저 배웠다고 할 만큼 신동이었다. 80여 년 생애 동안 줄기차게 그 천재성을 드러냈고 그 성과는 인류의 소중한 자산이 되었다. 가우스를 신동으로 돋보이게 한 가장 대중적인 일화가 1부터 100까지 더하는 문제를 푼 일이다.

가우스는 만 7세에 초등학교에 입학했다. 훗날 대수학자가 되는 데데킨트도 이 학교 출신이니 명문 중의 명문인 학교였겠지만, 당시에는 여러 학년이 한 교실에서 바글대며 공부하는 여느 학교와 다름없었다. 단순한 덧셈과 뺄셈만 반복해서 배우는 2년 동안에는 가우스의 재능이 드러날 기회가 없었다.

그러다 3학년이 되었다. 그날도 뷰터너 선생님은 풀이가 오래 걸리는 문제를 칠판에 적고 있었다. 어린 학생들이 푸는 동안 큰 학생들을 가르치려고 했던 것이다. 칠판에 1+2+3+⋯ 차례로 써

수학의 감각

나가다 마지막에 100을 적었
다. 1씩 차이 나는 수가 계속 이
어지고 그 수를 모두 더하는 문
제였다. 오늘날 '등차수열의 합'
이라고 부르는 것이다. 어린 학
생들이 이 문제를 오랫동안 풀
길 바랐던 선생님의 소박한 소
망은 100을 다 쓰자마자 깨진
다. 가우스라는 3학년 꼬마가   '수학의 왕' 가우스

5050이라고 답을 말한 것이다. 선생님이 칠판에 적는 동안 가우
스의 머릿속에서는 과연 무슨 일이 일어났을까?

통 큰 유형: 자원을 있다고 보고 해결하기

사실 이 일화는, 전하는 호사가들마다 내용이 조금씩 달라 어
디까지가 진실인지는 알 수 없다. 하지만 가우스가 1씩 차이 나
는 수 100개를 더할 때 한 발 떨어져 문제를 보고 자기만의 방식
으로 재구성했다는 것만은 진실이다. 놀란 선생님이 어떻게 답을
알았느냐고 묻자 가우스는 이렇게 설명했다고 한다. 1+2+3+4+…
+97+98+99+100에 같은 수를 한 번 더 더하고 나중에 더한 만큼
덜어 냈다고. 가우스의 말대로 줄을 맞춰 써 보자.

$$1 + 2 + 3 + \cdots + 98 + 99 + 100$$
$$100 + 99 + 98 + \cdots + 3 + 2 + 1$$

모든 칸이 101이다. 이렇게 놓고 보면 문제 상황이 순식간에 바뀌어 버렸다는 것을 알 수 있다. 101이 100번 더해진 것으로 바뀌어 합은 10100이다. 같은 것을 더했기 때문에 그만큼 덜어 내면 원하던 답이 나온다. 그래서 2로 나눈다.

알고 나면 너무 간단해서 뭐 이런 걸로 천재라고 해야 할까 의심이 들 정도다. 이 문제를 가우스처럼 푸는 초등학생도 여럿 만났다. 어떻게 그걸 알았냐고 물었을 때 학원에서 배웠다고 자랑스럽게 말해 슬펐지만 말이다. 하지만 이 풀이 방법에는 분명히 대단한 게 숨겨져 있다. 다른 유형과 비교하면 그 독창성과 힘이 분명히 드러난다. 글쓰기 편하도록 소년 가우스의 방식을 '통 큰 유형'이라고 부르자.

매뉴얼 따라 하기 유형: 문제 상황을 곧이곧대로 따르기

원래 이 문제는 100개의 셈을 하는 것이었다. 덧셈은 수 2개만 더하는 것이 원칙이니, 2개씩 괄호로 묶어 표시하면 다음과 같다.

$$(((\cdots((1+2)+3)+\cdots+98)+99)+100)$$

이건 아무 생각 없이 곧이곧대로 푸는 방법이다. 가장 깊이 들

수학의 감각

어 있는 (1+2)를 더하고, 그 결과인 3을 잠시 기억해야 한다. 그 다음 절차인 (1+2)+3을 계산하기 위해서다. 이 절차는 계속되어 마침내 마지막, (99까지의 덧셈 결과)+100을 할 때까지 98번 기억하고 99번의 덧셈을 해야 하는 방대한 작업이다. '통 큰 유형'의 덧셈을 알고 나면 한심해 보일 수도 있겠지만, 실생활에서 어떤 문제가 생겼을 때 이런 식으로 접근하는 사람은 분명 있다. 아니, 많다. 뷰터너 선생님만 해도 아이들이 그렇게 문제를 풀길 기대했고 아이 대부분도 그렇게 풀었다. 이런 유형의 사람들은 문제 상황을 만든 사람을 탓하면서도 별 생각 없이 일에 매달린다. 처음에 고민하는 것을 회피해 이후 내내 고생하는 유형이랄까. 덧셈할 게 많아 문제를 푸는 데 시간이 너무 많이 걸려서 문제지만, 사실 진짜 치명적인 결함은 그것이 아니다. 덧셈하고 외우고 덧셈하고 외우는 과정은 덧셈하는 항이 많을수록 급속하게 더 힘들어진다는 데 있다. 예를 들어 1부터 10까지 더하는 문제라면, 두 자리 수 안에서 해결되니 아무 생각 없이 더하나, 통 큰 유형으로 더하나 별 차이가 없다. 하지만 1부터 1000까지 더한다고 해 봐라. 또는 10000까지!

문제 분석형: 문제를 그대로 두고 그 안에서 해결하기

그런데 어떤 이는 이런 방법을 생각한다. 일단 문제를 길게 써 보면서 1부터 9, 다음에는 10, 11, 12, …, 19가 나오고 그다음에는 20, 21, 22, …, 29가 나오고 이어서 같은 패턴이 90, 91, 92,

…, 99까지 계속된다는 것을 발견한다. 그래서 1부터 9까지 덧셈만 잘하면 문제를 풀 수 있다는 결론에 도달한다. 먼저 1부터 9까지 더해 45라는 결과를 얻는다. 11+12+13+…+19에서 1부터 9까지의 덧셈이 또 등장한다. 2번째 등장이다. 21+22+23+…+29에서 3번째 등장한다. 결국 91+92+93+…+99까지 하면 1부터 9까지의 덧셈은 10번 나온다. 45가 10번이니 450. 그리고 10부터 19까지 덧셈에서 10이 10번이니 100, 그리고 20부터 29까지 덧셈에서 20이 10번이니 200, 이 과정은 90에서 99까지 계속돼서 마지막으로 90이 10번이다. 그래서 900. 모두 더하면 100+200+…+900이고 이것은 100(1+2+3+…+9)이므로 4500. 결국 1부터 99까지의 합은 450+4500이다. 마지막으로 아직 계산 안 한 100을 더해 드디어 5050을 얻는다.

1부터 9가 반복되어 나오는 패턴을 분석해서 푼 것이다. 이 방법은 문제 안으로 들어가 헤집고 다니면서 문제를 분석한 다음 해결하는 방식이다. 이런 유형의 사람은 1000까지 더하라는 명령이 떨어져도 매뉴얼대로 하는 유형보다는 덜 당황할 것이다. 십진법에서 1부터 9까지는 숫자가 반복해서 나올 수밖에 없다는 사실을 알고 있기 때문이다. 그러나 문제를 해결하는 힘을 얼마나 줄였는지 생각해 보면, 좋은 방법이라고 말하기 망설여진다. 이 방법으로 10000까지 더한다고 생각하면 먼저 숨이 턱 막힌다. 또한 이 방법은 1부터 9가 반복해서 나온다는 것에 기대고 있기 때문에 다른 유형의 문제에 응용하는 데 한계가 많다. 더 좋은 방법이

　　　　　　　　　　　　　　　　　수학의 감각

있을 것 같다.

문제를 조작해서 달리 보기 유형: 적당히 떨어져서 변형하기

어떤 사람은 문제 속으로 들어가지 않고 문제와 적당히 떨어져서 해결 전략을 생각한다. 그는 이런 방법을 시도할 것이다. 1부터 100까지의 중간은 50이다. 이 50을 수면으로 삼고 그 이상 넘치는 물은 부족한 쪽으로 채워 준다. 식으로 쓰면 $(1+2+3+\cdots+97+98+99+100)$을 $(0+50)+(1+49)+(2+48)+(3+47)+\cdots+(97-47)+(98-48)+(99-49)+(100-50)$으로 고쳐 쓰면서 50으로 균형을 맞추는 것이다. 그리되면 50이라는 수면으로 모두 고르게 된다. 그래서 50이 모두 101개가 있게 되어 5050이다.

$$50 + 50 + 50 + \cdots + 50 + 50 + 50$$
$$101개$$

이와 유사한 방법도 있다. 1+100=101, 2+99=101, 3+98=101, $\cdots$, 50+51=101을 쓰는 방법이다. 101로 균형을 맞추었다. 이제 101이 몇 개인지 세는 일만 남았다. 실수 없이 셌다면 50개다. 이 두 방법을 비교하면, 전자는 50이 101개 있다고 문제를 변형했고, 후자는 101이 50개 있다고 문제를 변형했다. 앞의 방법이 먼저 '생각해서' 균형 50을 정하고 그것이 101개 있다고 보고 문제를 쉽게 해결한 반면, 101이 50개 있다고 한 방법은 쉬운 균형 101을 먼저 생각한 다음에 '생각해서' 그것이 50개 있다고 보고 문제를 해결했다.

따라서 두 방법은 다른 듯 같다. 모두 주어진 문제에서 적당히 거리를 유지하고 조망한 뒤 전략을 짜고 해결에 들어간 결과다. 그 덕분에 바로 덧셈으로 들어가지 않고 문제 자체를 변형해서 곱셈으로 전환할 수 있었다. 가운데 수 50이든 앞뒤의 합 101이든 수 하나를 기준으로 삼아 균형을 맞춰 가니 이 방법을 '저울 균형 맞추기'라고 불러 보겠다. 1000까지 더하라고 해도 이 방법을 쓰는 사람들은 전혀 당황하지 않는다. 일의 양은 거의 증가하지 않기 때문이다. 균형 500이 1001개이거나 균형 1001이 500개일 테니 말이다.

한계를 넘어 통 크게 생각하라

소년 가우스가 했다는 통 큰 유형의 해결법은 정말로 신동다운 생각이었다. 앞의 저울 균형 맞추기 방법과 비교하면 더 분명해진다. 언뜻 보면 저울 균형 맞추기 방법과 통 큰 유형법이 매우 비슷해 보인다. 저울 균형 맞추기는 먼저 덜어 낸 다음 더한 것이고, 통 큰 유형은 먼저 더한 다음 빼내는 방법이니까 말이다. 순서만 다를 뿐 별반 다를 바 없어 보인다. 실제로 두 유형으로 덧셈을 할 경우 일의 양에서는 큰 차이가 없다. 마음에 드는 아무것이나 선택해도 될 것 같다. 그렇지만 두 방법은 같은 듯 다르다. 가우스의 덧셈은 정말로 통이 큰 방법이다. 그 특징을 2가지로 요약할 수 있다.

· 더해야 할 수 1부터 100까지를 이미 구현된 하나의 덩어리로 보았다.
· 없는 것을 하나 더 있다고 상상한 다음, 보태고 빼냈다.

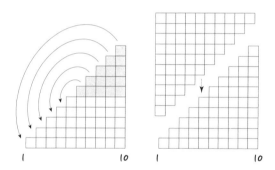

그림 1. 균형 맞추기(왼쪽)와 통 크게 하나 더 만들기(오른쪽)

〈그림 1〉을 보면 이 두 방법의 차이를 더 확연하게 느낄 수 있다. 그림 왼쪽이 저울의 균형을 맞추는 방식이고, 오른쪽이 통째로 더했다가 빼내는 방법이다. 둘 다 문제를 적당히 떨어져 보면서 완전히 달리 해석했지만, 오른쪽 방법은 '없는 것'을 '있다'고 생각하고 시작했다는 게 크게 다르다. 언어로만 하면 '뺐다가 더

한다'와 '더했다가 뺐다'는 순서만 바뀌었을 뿐이지만 둘 사이에
는 근본적인 차이가 있는 것이다. 아직 이 차이가 분명하게 느껴
지지 않았을 수 있으니 이 두 접근법이 모두 활용되는 다른 사례
로 넘어가 보자. 〈그림 2〉에서 볼 수 있듯이 두 방법은 모두 삼각
형의 넓이를 구하는 데도 썩 잘 적용된다.

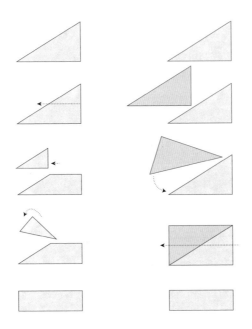

그림 2. 균형 맞추기 방법(왼쪽)과 하나 더 만들기 방법(오른쪽)

언뜻 보면 두 방법에 별 차이가 없는 것 같다. 하지만 근본적인
차이가 있다. 삼각형 넓이에 대해 아이들과 수업할 때 벌어지는
상황을 보면 숨겨진 그 차이가 드러난다. 넓이에 대해 몇 시간 이

수학의 감각

야기한 다음의 대화다.

> 나: 삼각형 넓이가 뭐지?
>
> A: $\frac{ab}{2}$죠.
>
> 나: $\frac{ab}{2}$가 뭔데?
>
> A: 밑변 곱하기 높이 곱하기 $\frac{1}{2}$…
>
> 나: 삼각형 넓이란 삼각형이 차지하고 있는 정도인데
>
> 왜 그렇게 돼야 해?
>
> A: (멈칫)…

"왜 그렇게 돼야 해?"라고 물으면 아이들은 십중팔구 멈칫한다. 매뉴얼대로만 했던 습관이 생각하기를 방해한 것이다. 그래도 여기까지는 큰 문제가 안 된다. 누군가는 반드시 대화를 앞으로 전진시킨다. B가 대답한다.

직4각형의 반이니까요.

나는 놀라면서(실제로 놀라운 일이다. 누군가가 생각을 시작한 거니까!) "그렇지! 삼각형은 직4각형의 반이니까. 자, 그럼 이런 그림을 그려 볼 수 있겠지?(〈그림 3〉의 왼쪽 그림) 하지만 꼭 직각3각형만 되어야 할까?" 하고는 오른쪽 사각형에 직각3각형이 아닌 삼각형을 그려 넣는다.

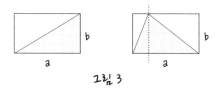

그림 3

한번 생각의 물꼬가 트이면 생각하기는 활발하게 작동한다. 아이들은 잠시 당황하지만 시간만 준다면 개중 한 아이는 반드시 이렇게 말한다.

중간에 선을 그으면 그래도 2개의 작은 직4각형의 반이니까 어쨌든 삼각형은 큰 직4각형의 반이죠.(《그림 3》의 오른쪽 그림) 그래서 $\frac{ab}{2}$예요.

맞다. 눈에 안 보이는 보조 선 하나를 마음속에서 그려 냈다니 놀랍다. 그러나 '거의'만 맞다. '어떤' 삼각형이든 넓이가 직4각형의 밑변 a와 높이 b의 반이라는 믿음이 더 확실해지긴 했지만, 아이들은 직4각형 안에 있는 특수한 삼각형만 보았다. 아이들에게 물음표를 던져 괴롭히는 것이 취미인 나는 여기서 멈추지 않고 삼각형을 하나 더 그린다. 직4각형 두 변에서 평행인 선을 길게 긋고 같은 밑변에서 밖으로 길게 뽑아낸 삼각형이다(《그림 4》).

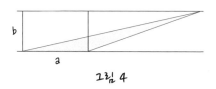

그림 4

수학의 감각

나: 이 삼각형 넓이는 저기 있는 삼각형들이랑 넓이가 같을까?

A: 물론이죠.

나: (놀란 듯 눈을 크게 뜨며) 왜?

A: 삼각형 넓이는 $\frac{ab}{2}$ 니까요.

나: (눈을 더 크게 뜨며) 왜 그래야 되는데?

B: 방금 앞에서 봤잖아요.

나: 앞에서 본 것은 사각형 안에 있을 때지. 지금은 밖으로 길게 빠져나왔잖아. 작은 사각형으로 어떻게 쪼갤 건데?

A, B: (멈칫하며)….

삼각형 공식이 생각을 계속 방해하고 있는 것이다. 공식 다음에 삼각형 넓이가 있는 게 아니라, 삼각형 넓이라는 개념이 서고 그다음에 공식으로 단순하게 요약되어야 하는데 앞뒤가 뒤바뀌었다. 이처럼 매뉴얼대로 따라 하기는 자유로운 생각을 끈질기게 방해한다.

어쨌든 이 문제까지 오니 빼서 더하는 방법과 더해서 빼는 방법의 차이가 점점 더 수면 위로 떠오른다. 없는 것을 있다고 생각해서 먼저 더하는 방법을 쓰면 이 문제를 훨씬 쉽게 해결할 수 있

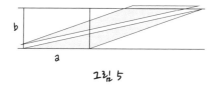

그림 5

다. 그런데 그 방법도 여러 가지다.

그중 첫 번째 방식이 〈그림 5〉이다. 없는 것을 만들어서 붙이되 주어진 것과 똑같은 삼각형을 붙였다. 그런데 해 놓고 보니 새로운 문제가 발생한다. '밑변 a와 높이 b를 갖는 직4각형과 밑변 a, 높이 b인 평행사변형의 넓이가 같을까?'로 문제 형태가 바뀐 것이다. 물론 새롭게 발생한 이 문제를 해결해서 우리가 찾고 있는 삼각형의 넓이 문제를 해결해도 된다. 그러나 다른 방법도 있다.

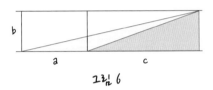

그림 6

그것이 바로 〈그림 6〉이다. 없는 것을 만들어서 붙이는 것은 〈그림 5〉와 같지만 여기서는 '직각3각형'을 끼워 넣었다. 이렇게 하면 밑변이 a+c고 높이가 b인 직각3각형이 하나 보인다. 우리가 끼워 넣은 것은 밑변이 c, 높이가 b인 직각3각형이다. 둘 다 '직각3각형'의 넓이다. 이미 알고 있듯이 넓이는 밑변 곱하기 높이의 반이다. 그러니 큰 직각3각형의 넓이 $\frac{(a+c)b}{2}$에서 작은 직각3각형의 넓이 $\frac{cb}{2}$를 빼면 우리가 찾던 '뾰족한' 삼각형의 넓이가 나온다. 따라서 이 경우도 삼각형의 넓이는 $\frac{ab}{2}$이다. 즉 '어떤' 삼각형이든 넓이는 $\frac{ab}{2}$라는 공식으로 표현되는 것이다!

방정식 풀이에서도 통 큰 유형은 위력을 발휘한다. 간단한 1차

수학의 감각

방정식을 보되 세상에는 양수만 있다고 제한하자. 수백 년 전 선조들이 그랬듯이 말이다. 어떤 현실 문제를 풀기 위해 그 상황을 아래처럼 단순하게 기호로 표현했다고 하자.

$$(x+1)+(3x-4) = x+(2x-3)+1$$

위 등식은 $(x+1)+(3x-4)=(x+1)+(2x-3)$이고, 양쪽에서 같은 $(x+1)$을 덜어 내 버리면 $(3x-4)=(2x-3)$이다. 다시 양쪽에서 $2x$만큼씩 빼고 양쪽에 4씩 더해 주면 $3x-2x=4-3$이 돼서 결국 x는 1이다. 맞게 푼 것 같은데 정말로 맞게 푼 것일까? 반드시 확인을 해야 한다. 문제에 x 대신 1을 넣어 보자. $(1+1)+(3-4)=1+(2-3)+1$이고 정리하면 $1=1$이다. 맞게 푼 것 맞다. 끝.

너무 싱거운 문제 아니냐고 할 독자도 있을지 모르겠다. 가만히 풀이를 다시 보자.

풀이 과정 내내 정말로 $x=1$이어도 문제없었을까? 아니다. 중간 과정인 $(3x-4)=(2x-3)$에 1을 넣으면 왼쪽은 $3-4$요, 오른쪽은 $2-3$이다. 아직 음수가 없는 세상에서는 이렇게 풀어서는 말이 안 되는 것을 마치 있다고 생각하고 풀었던 것이다. 양수만 있는 세상에서는 말이 안 되는 말이다. 그러나 -1도 수라고 통 크게 받아들이면 $(3x-4)=(2x-3)$ 단계는 아무 문제없다. 음수 덕분에 식을 자유롭게 조작할 수 있게 된 것이다. 쉽게 설명하려고 일차식을 예로 들었지만 실제로 차수가 올라갈수록 없는 것을 빌려 와 잠시 있다고 생각해야 등식이 쉽게 풀리는 경우가 많다. 이런 현상이 빚은 극적이고 의미심장한 예가 허수의 등장이다.

소년 가우스가 1부터 100을 더할 때 머릿속에 섬광이 번쩍였던 문제 해결법은 이처럼 덧셈, 도형, 등식 어디에서든 막강한 힘을 발휘한다. 어떤 문제에 직면했을 때 가우스를 떠올려 봐도 좋을 것 같다. 정해진 자원을 갖고 문제를 해결하려 했는데도 잘 안 된다면, 먼저 문제 상황을 바꾸는 것이 가능한지 봐야 한다. 가우스가 1, 2, 3, …, 100의 수들 속으로 들어가지 않고 전체를 한 덩어리로 보았듯이, 일단 문제와 거리를 두고 문제 자체의 틀을 봐야 하는 것이다. 그리고 자기 방식으로 문제를 바꿔 보며 무엇이든 해 보라. 넘치는 것은 나중에 덜어 내면 되고, 부족한 것이 있다면 채우면 될 일 아닌가.

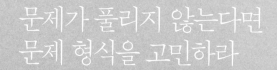

문제가 풀리지 않는다면
문제 형식을 고민하라

8장

충분히 단순한
형식에 이르기

우리 시대는 복잡해서 단순함을 동경한다. 캔버스에 53.5cm^2의 검은 정4각형 하나만 달랑 있는 말레비치의 그림 〈검은 사각형〉과 긴 네모 빈칸 하나만 덜렁 있는 구글의 홈페이지만 봐도 그렇다.

풍부한 내용을 단순한 형식에 담아낼 때 내용의 본질이 더 선명해지고 상상력도 강력해진다. 수학은 지독할 정도로 단순함을 지향해 왔다. 명제는 할 수 있는 한 군더더기 없이 간명해야 하고 같은 증명이라도 단순하면 아름답다고 말한다. 수학이 본래 그런 학문이기도 하고 수천 년 수학의 역사에서 알아낸 경험이기도 하다. 단순한 형식을 얻을 때 수학은 비약적으로 발전했다.

말레비치의 〈검은 사각형〉

———

수학은 단순한 형식을 지향하여 기호만 남기다 보니 보통 사람들은 수학에서 멀어지게 된다. 음악 훈련을 받지 않은 사람에게 악보는 까만 콩나물의 나열이듯 수학 훈련을 받지 않은 사람이 전문 수학 책을 보면 한 줄도 이해하기 힘들게 되어 버린 것이다. 그러나 수학이 기호라는 단순한 형식을 고집하는 이유는 분명하다. 그 기호들만으로도 전하려는 수학적 내용을 충분히 담을 수 있기 때문이다. 그뿐만 아니다. 그렇게 단순한 형식에 얹혀 갈 때 고속기차로 달리듯 생각을 빠르게 전개할 수 있다.

같은 내용이면 표현 길이를 짧게

기호라는 단순한 형식은 장황하게 설명해야 하는 것들을 압축해 보여 준다. 수학이 지금처럼 충분히 단순화되지 않았던 시절의 책들을 지금 읽는다면 심호흡을 하고 눈을 부라리며 읽고 또 읽어도 알 듯 말 듯 할 것이다. 지나치게 장황해서 길을 잃기 일쑤이고 게다가 외국어까지 알아야 한다. 난독증을 체험하고 싶다면 굳이 말리지는 않겠다.

〈그림 1〉의 휜 곡선이 이루는 부분의 넓이를 생각해 보자. 이것을 나타내는 개념이 만들어지던 초기 문헌을 보면 그 개념을 정립하기 위해 길고 긴 글이 빼곡했다. 낑낑대며 읽다가 그 내용

이 결국 아래의 단순한 기호의 다른 말이라는 것을 알게 되면 허탈해지는 한편 이 기호가 음표를 통해 울리는 음악처럼 아름답게 느껴지기도 한다.

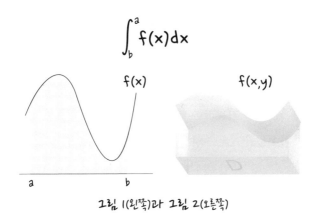

$$\int_b^a f(x)dx$$

그림 1(왼쪽)과 그림 2(오른쪽)

〈그림 2〉처럼 정해진 부분의 부피를 구하는 문제를 생각해 보자. 단순한 형식을 얻기 전, 언어로 이 내용을 전달해야 했다면 상상만으로도 머리에 쥐가 났을 것이다. 지금은 다음 정도로 나타내면 충분하다.

$$\iint_D f(x,y)dxdy$$

넓이나 부피 개념은 아르키메데스 시대에 상당히 정립되었지만, 이후 2000여 년 동안은 발전이 매우 더뎠다. 그러다 위와 같은 단순한 형식을 찾아내면서 복잡한 곡선의 넓이나 부피를 구하

수학의 감각

는 게 쉬워져 수학이 폭발적으로 성장했고, 과학 혁명을 일으키는 데도 크게 기여했다. 단순한 형식으로 나타내면 덤으로 얻는 게 또 있다. 그 수학 언어에 어느 정도 익숙해지면 세계 누구라도 그 언어를 읽어 낼 수 있다는 점이다. 러시아인, 미국인, 한국인 등 국적을 불문하고 그 뜻을 이해할 수 있다. '수학 언어의 민주화'다. 별것 아닌 장점 같아도 큰 쾌거가 아닐 수 없다. 수학이 빠르게 동시에 널리 퍼져서 지금처럼 강력해진 것은 풍부한 내용에 걸맞는 단순한 형식을 얻은 덕분이다.

기왕이면 편리하게

똑같이 단순하더라도 기왕이면 편리한 것이 더 좋다. 오늘날 11.111이라는 소수점 표현은 너무나 당연해서 교훈을 얻을 만한 것이 없다고 생각할 수 있다. 하지만 이 표현을 얻기까지 선조들이 얼마나 애를 썼는지 모른다. 그 과정을 엿볼 수 있는 3가지 방법만 예로 든다.

$$(1)\ || \overset{\text{첫 째}}{|||}$$

$$(2)\ ||_{|||}$$

$$(3)\ ||.|||$$

단순해 보이는 형식이지만 편리성의 관점에서 보면 세 방법은 차이가 크다. 방법 (1)에서는 1보다 작은 부분 위에 일일이 첫째,

둘째, 셋째라고 썼다. 단순한 것 같지만 충분하지 않다. 원주율 π 같은 수는 1보다 작은 부분의 길이가 끝없다. 그 수를 이 방식으로 표현한다고 상상해 보라.

(2)에서는 그저 '1보다 작은 부분은 이쪽이다'는 말을 하듯 간단히 표시했다. 충분히 단순하고 편리한 것 같지만, 이 방법은 수학의 다른 기호들과 헷갈리고 1보다 작은 부분과 큰 부분의 논리적 연관성도 무시했다. 게다가 오늘날 컴퓨터를 쓰는 세대가 이런 방식으로 수를 표시한다고 상상해 보라. 수를 쓸 때마다 매번 특수한 그림을 그려야 할 판이다.

지혜로운 선조들 덕분에 우리는 방법 (3)을 쓴다. 이 방식의 장점은 짧고, 단순하고, 편리하다는 것이다. 더욱이 외형적인 면에서만 그런 것이 아니다. 사실 너무 익숙해져서 우리가 잘 못 느끼는 것이지, 아래 같은 긴 내용을 단순하게 표시한 것이다.

$$111 = 1 \times 100 + 1 \times 10 + 1$$

이제 소수점으로 나타내는 것이 얼마나 좋은 유산인지 보기 위해 1보다 작은 부분까지 표시해 보겠다.

$$111.111 = 1 \times 100 + 1 \times 10 + 1 \times 1 + 1 \times \frac{1}{10} + 1 \times \frac{1}{100} + 1 \times \frac{1}{1000}$$

이것을 거듭제곱으로 나타내면 숨겨졌던 진실이 더 잘 보인다.

$$111.111 = 1 \times 10^2 + 1 \times 10^1 + 1 \times 10^0 + 1 \times 10^{-1} + 1 \times 10^{-2} + 1 \times 10^{-3}$$

수학 기호에 익숙하지 않은 분들은 낯설지 모르겠다. 이 표현법은 점을 중심으로 왼쪽과 오른쪽이 대등하게 균형을 이루는 것을 나타낸 것이다. 십진법으로 숫자를 나타내는 전체 체계와 잘 맞아떨어진다. 종합해서 말하면 지금 우리가 쓰는 소수점 표현은 외형적으로 짧고 편리할 뿐 아니라 내용적으로도 숫자 표기에서 논리적인 일관성까지 두루 갖추고 있는 것이다. 소수점 표현만 그런 것이 아니다. 우리가 흔히 쓰는 곱셈 기호도, 뺄셈 기호를 닮은 '−' 음수 기호도 치열한 경쟁을 거쳐 단순해진 유산들이다.

오해가 끼어들지 않도록

우리는 지금 1, 2, 3, …과 같이 매우 단순한 숫자를 쓰지만 이렇게 단순해지기 이전의 숫자들은 혹세무민의 수단으로 쓰이기도 했다. 예를 들어 고대 그리스나 로마에서는 문자에 별도의 표시를 붙여서 수를 나타냈다. 영어 알파벳에 빗대어 보면 a는 문자고, ȧ는 1이 되는 식이다. 이렇게 되면 'I love you'는 '나는 너를 사랑해'라는 일상어이고, 문자를 쓴 숫자인 İ löve ẏȯu는 I love you라는 내용과 무관한 어떤 수를 나타내게 된다. 하지만 계산하는 도중에 우연히 나왔더라도 İ löve ẏȯu 꼴로 써 있는 수는 사람들에게 각별한 느낌을 줄 수밖에 없다. 싱거운 오해를 일으키고 끝날 수 있지만 심각해질 소지가 다분하다. 정말로 그랬다. 네로 황제의 이름에 점이 찍히면 수가 되었는데, 지금 십진법으로 쓰면 1005였다. 수 1005를 억지로 덧셈으로 쪼개서 1005=10+4+10+1+50+⋯+300+5+10+50+5로 분해한 다음 10, 4, 10, 1, ⋯, 300, 5, 10, 50, 5 하나하나에 해당하는 문자로 풀이해 "그는 친어머니를 살해할 것이다"고 누군가 유포했다. 네로 황제의 폭정이 마치 이름이 짊어진 숙명 때문이라는 듯이 말이다. 수는 객관적인데 이렇듯 주관적인 군더더기들이 개입되면 오해를 불러일으키는 법이다. 그래도 이 정도는 나은 편이다. 유대인들의 언어인 히브리어도 문자와 숫자가 혼용되어 오해를 낳곤 했다. 예수를 나타내는 글자인 IH는 수 18과 대응했고 십자가 모양의 글자 T는 수 300을 나타냈다. 그래서 318이라면 십자가에 못 박힌 예수라고 보기도 했다. 오해를 불러일으키는 기호법 탓에 318년에 세상이 망한다고 믿고 하늘로 떠오를 날만 기다린 사람들이 있을 정도였다.

다행히도 숫자들이 점점 단순해져 그런 군더더기는 사라져 갔다. 고대 인도인들이 숫자를 지극히 추상적인 형태로 발전시켰고, 문명 교류의 열쇠 역할을 했던 중세 아랍인들이 더욱 단순하게 바꾼 것이다. 충분히 단순해졌을 때 숫자는 객관적인 존재로서 본연의 자리를 확보했다. 인류가 수천 년 걸려 이뤄 낸 성과다.

단순한 형식은 상상력의 발사대다: 리만 가설

숫자나 식의 단순화는 사고를 효율적으로 하는 데만 효과가 있는 게 아니다. 단순화 과정에서 꼭 있어야 할 것만 남긴 덕분에 군더더기에 가려졌던 본질을 전면에 드러내기도 한다. 아래 식들을 보면 참 신기한데, 그 역시 양수와 음수, 덧셈과 뺄셈, 거듭제곱을 단순한 기호로 나타낼 수 있었기 때문이다. 특히 선조들이 음수 기호와 뺄셈 기호를 비슷한 모양으로 한 것은 참 절묘한 선택이 었다.

$$1 = +1$$
$$1 - 2^2 = -(1 + 2)$$
$$1 - 2^2 + 3^2 = +(1 + 2 + 3)$$
$$1 - 2^2 + 3^2 - 4^2 = -(1 + 2 + 3 + 4)$$

그 이전의 복잡한 형식으로 과연 이런 예쁜 식이 나올 수 있었을까. 숨겨져 있던 본질이 표면에 드러나면 다루기 좋아지고 해결할 힘도 커진다. 그런데 그게 다가 아니다. 본질만 남은 형식을 얻으면 그 형식에 있는 기호 일부를 바꾸는 조작은 그 형식 전체에 모종의 본질적인 변화도 낳는다. 고작 기호의 일부를 바꿨을 뿐인데도 상상력을 마구 자극하는 결과를 낳는다. 수학에서는 비일비재한 경우다. 유명한 리만 가설을 예로 말해 보겠다.

자연수를 연이어 '끝없이' 더하는 것을 지금처럼 1+2+3+4+5+⋯ 라는 형식으로 쉽게 나타낼 수 있게 된 것은 숫자와 기호와 셈이 충분히 단순해진 덕분이다. 단순한 형식은 상상력이 딛고 오르기 좋은 상태다. 자연수가 연이어 있는 1+2+3+4+5+⋯에서 그 역수들을 더하는 꼴로 조작해 보자. $\frac{1}{1} + \frac{1}{2} + \frac{1}{3} + \frac{1}{4} + \frac{1}{5} + \cdots$처럼 간단하다.

여기서 한 발 더 갈 수 있다. 거듭제곱과 연결시키는 길을 택하면 $\frac{1}{1^2} + \frac{1}{2^2} + \frac{1}{3^2} + \frac{1}{4^2} + \frac{1}{5^2} + \cdots$가 된다. 이 수들은 더하는 항이 무한 개인데 합한 결과가 무엇이냐는 문제는 '바젤 문제'라는 별칭이 있을 만큼 유명했다. 이 문제를 풀어 오일러는 고작 20대에 수학계에서 세계적인 스타로 부상했다.

상상력은 멈추지 않고 우리를 $\frac{1}{1^n} + \frac{1}{2^n} + \frac{1}{3^n} + \frac{1}{4^n} + \frac{1}{5^n} + \cdots$로 발사시킨다. 이 문제를 푸는 과정에서 이상한(?) 일이 발생한다. n이 짝수일 때는 그 합을 어찌어찌 찾아내는데 비해 n이 홀수일 때는 매우매우 풀기 어렵거나 아예 풀리지 않는다는 것이다. 문제를 단순하게 하고 기호를 조금 바꿔서 새로운 문제를 찾고 그 문제를 해결하는 과정에서 인류는 새로운 사실을 알게 된다. 짝수와 홀수 사이에 흐르는 강이 생각했던 것보다 훨씬 더 넓고 깊다는 것을.

지금까지 우리는 n이 자연수라고 가정하고 즐겼는데, 이제 '조금만' 생각을 바꿔 보면 자연수 대신 정수, 유리수, 실수까지 확장시킬 수 있다. 그러면 노는 무대가 달라진다. 흥미진진해진다. 쉽지는 않겠지만 뭐 어떤가. 꼭 답에 도달해야 하는 건 아니잖은가.

여기서 한 발 더 나아가면 그 유명한 리만 가설을 만나게 된다. 리만 가설은 앞의 식에서 n이 실수라는 가정마저 버리고 허수까지 도입하여 수의 공간을 확장했을 때 터져 나온 상상이었다. 과연 $\frac{1}{1^n} + \frac{1}{2^n} + \frac{1}{3^n} + \frac{1}{4^n} + \frac{1}{5^n} + \cdots$이 0이 되게 하는 n 값들은 어떤 성질을 가질까? 그 답을 리만은 '아마도 이러이러할 것이다'는 가설

형태로 남겼다.

위대한 수학자 힐베르트는 500년 뒤에 부활한다면 가장 궁금한 것이 뭐냐는 질문에 눈을 뜨자마자 리만 가설이 풀렸는지부터 알아보겠다고 했다. 미국 재벌인 클레이의 기부로 1998년 설립된 클레이 수학 연구소에서는 리만 가설이 참인지 거짓인지 증명하는 사람에게 100만 달러를 주겠다고 상금을 내걸기도 했다. 리만 가설이 소수(prime number)의 세계를 이해하는 핵심 열쇠이고 따라서 이 문제가 확실하게 풀린다면 수학은, 더 나아가 인류 문명은 한 단계 도약하리라는 것을 알아서다. 하지만 가설이 발표된 지 150년이 훌쩍 지난 지금도 이 문제는 미궁 속에 있다.

$$1 + 2 + 3 + 4 + 5 + \cdots$$

$$\Rightarrow \frac{1}{1} + \frac{1}{2} + \frac{1}{3} + \frac{1}{4} + \frac{1}{5} + \cdots$$

$$\Rightarrow \frac{1}{1^2} + \frac{1}{2^2} + \frac{1}{3^2} + \frac{1}{4^2} + \frac{1}{5^2} + \cdots$$

$$\Rightarrow \frac{1}{1^n} + \frac{1}{2^n} + \frac{1}{3^n} + \frac{1}{4^n} + \frac{1}{5^n} + \cdots$$

$$\Rightarrow 리만\ 가설$$

하지만 주목하자. 우리는 자연수의 덧셈이라는 매우 단순한 문제에서 바젤 문제를 거쳐 리만 가설까지 단숨에 왔다. 이런 상상력의 비약은 형식이 복잡했던 옛날에는 생각지도 못할 일이었다.

형식이 충분히 단순해지자 상상력이 도약했다. 단순한 형식이 상상력의 발판이었던 것이다.

단순함은 상상력의 날개다: 페르마의 대정리

단순해진 형식은 전혀 예상치 않았던 방향으로 상상력을 뻗치게 한다. 그 예 중 하나가 대중문화에서도 심심찮게 등장하는 '피타고라스 정리'와 '페르마의 대정리'이다.

피타고라스 정리는 지금의 언어로 다듬어 말하면 다음과 같이 표현할 수 있다.

> 직각3각형에서 직각을 이루는 두 변에 쌓은 정4각형 넓이의 합은 빗변에 쌓은 정4각형의 넓이와 같다.

피타고라스 정리는 인류 역사상 가장 중요한 정리로 수많은 사람의 상상력을 자극해 왔다. 특히 다음과 같은 '식'의 형태로 단순해지면서 전혀 예상치 못한 곳으로 수학적 상상력을 뻗어 나가게 했다.

> 직각3각형의 세 변이 x, y, z이고 z가 빗변이면, $x^2+y^2=z^2$은 참이다.

유클리드는 《원론》에서 피타고라스 정리를 한 치도 의심할 수 없게 엄정하게 증명했다. 그 후 수백 년이 흘러 또 하나의 중요한 저작이 수학의 역사에 헌정된다. 기원후 3세기경 이집트 알렉산드리아의 디오판토스가 쓴 《산술》이 그것이다. 여기서는 피타고라스 정리에서 넓이니 직각이니 하는 도형적인 성질들은 덜어 내고 등식 $x^2+y^2=z^2$이 참이 되게 하는 자연수 x, y, z들에 주목했다. 예를 들면 3, 4, 5라는 자연수를 x, y, z 대신 넣으면 9+16=25가 되어 참이 되는 것이다. 디오판토스 때는 아직 기호가 발달하지 않아 이 정도로 단순하지는 않았지만 도형의 성질을 덜어 낸 후의 언어는 훨씬 자유로운 상상력을 가능하게 했다.

《산술》도 다른 중요한 그리스 저작들처럼 중세 유럽에서는 잊혔지만 다행히 아랍어 번역서가 살아남았다. 그리고 근대 유럽에서 라틴어로 재번역된다. 이 번역본을 읽던 한 프랑스인이 제곱에 있는 2 대신 다른 수 넣는 것을 상상하기 시작했다. $x^3+y^3=z^3$처럼 세제곱 꼴이 되는 자연수들이 있을까? 더 나아가 네제곱, 다섯제곱으로 계속 바꿔 가면 어떻게 될까? 그는 읽던 책을 펼쳐 놓은 채 깊이 사색에 잠겼을 것이다. 그리고 "거듭제곱이 3 이상인 경우에 이 식이 참이 되는 x, y, z들은 없다. 이것을 증명할 기막힌 방법이 생각났지만 여백이 부족해서 쓸 수 없다"는 메모를 책 귀퉁이에 써 두었다. 이 메모를 남긴 사람이 페르마다. 그의 사후에 아들이 책장을 정리하다 발견해 후세에 전해졌다. 증명 없이 명제만 있으니 추측일 따름이어서 증명을 시도하려는 사람들이 나타났다. 그러나 어째서인지 풀리지가 않았다. 수많은 수학자가 이 문제 때문에 애간장을 태웠다. 질문 자체는 보통 사람들도 이해할 수 있는 수준이어서 그들도 덤벼들었지만 소용없었다. 이런 과정을 거치면서 사람들은 깨닫기 시작했다. 문제는 단순하지만 해결은 어려운 이 문제가 풀리면 수학의 수준이 한 단계 올라가리란 걸. 그리고 이 정리를 '페르마 대정리'라고 불렀다.

20세기 들어서야 괄목할 만한 성과가 나타났고 마침내 20세기 말에 증명이 된다. 페르마 대정리가 풀렸다는 소식이 세계 주요 일간지에 실렸고, 특집 TV 프로그램으로도 제작되었으며, 일반인을 위한 해설서도 쏟아졌다. 한마디로 온 세계가 들썩댔다. 영국의 수학자 와일스가 1993년에 증명을 발표했지만 결함이 발견되었고 그 결함을 수정해 최종 발표한 것이 1995년이니, 페르마가 1637년에 가설을 던진 이래 문제가 완전히 풀리기까지 무려 358년이 걸린 셈이다.

직각3각형 각과 변의 관계에 대한 것이었던 피타고라스 정리가 디오판토스의 내용 덜어 내기를 거쳐 페르마에 이르러 간결한 문제로 정립되고, 그 문제를 358년 동안 해결해 가는 과정은 한 편의 대하 서사시 같다. 이 역사 또한 우리에게 단순한 형식의 가치에 대해 생각하게 한다. 형식과 내용의 전통적 관계에서 내용이 모두 가라앉고 충분히 단순한 형식만 남았을 때 그것은 상상력이 비약할 도약대가 되고 더 나아가 아무도 예상치 못한 값진 창조를 이뤄 낼 수 있게 하는 것이다.

충분히 단순한 형식을 얻지 못했다는 것은 우왕좌왕하고 있다는 증거다. 문제의 핵심에 도달하지 못할 만큼 군더더기가 있다는 반증이다. 지금 어떤 문제가 지독하게 얽혀서 도무지 풀리지 않는다면 문제를 나타내는 형식을 고민할 필요가 있다. 유치할 만큼 단순한 형식으로 문제를 나타낼 수만 있다면 그 문제는 반 이상 해결된 것이라고, 그 단순한 형식이 다른 문제까지 해결하게 도울지도 모른다고, 지금 수학이 우리에게 말하고 있다.

사진작가 후지와라 신야는 《인도 방랑》에서 총알 하나로 오리 한 마리를 잡아, 그날 먹을 것과 다음 날 쓸 총알 하나와 바꾸는 인도 사내에 대해 이야기한다. 그 사내는 '총알 하나에 오리 하나'라는 엄정한 목표를 이루기 위해 엄청난 집중력으로 일을 완수한다. 선조들은 단어 수와 운이라는 극히 제한된 형식적 틀에 맞춰 희로애락을 노래했다. 단순한 형식을 확보하는 데 집중하라. 거기가 상상력의 도약대다. 충분히 단순해지거든 스스로 그 안에 갇혀보라. 그 안은 무한한 상상의 공간이다.

잘 아는 것에서
출발해라

9장

친숙한 것을
지렛대로 쓰기

수학은 0과 무한의 학문이다. 궁극의 없음인 0과 있음의 궁극적 확장인 무한 위에 서 있다. 수학이 다른 무엇이 아니라 수학이 될 수 있었던 것은 바로 이들 때문이다. 0과 무한이 없다면 수학은 너무 빈약해진다. 반면 수학의 역사에서 0과 무한처럼 오랫동안 접근을 불허했던 것도 없다. 다가갈수록 0은 급속도로 사라져 버렸고, 무한으로 가면 그 강한 빛에 발을 내딛을 수 없었다.

프랑스 언어의 금자탑이라 칭송받는 《팡세》에서 파스칼이 말한 아래 내용을 수학의 개념으로 이해해도 아무 문제없다.

사람이란 무언가? 무한 앞에서는 없음이고 없음 앞에서는 모든 것인, 모든 것과 없음의 중간 아닌가. 사람은 그 두 극한을 영원히 이해할 수 없다. 사물의 시작과 끝은 어찌해 볼 수 없는 비밀로 사라져 버린다. 그가 나온 없음과 그가 빠져들 무한을 사람은 결코 볼 수 없다.

파스칼의 시대만 해도 무한은 너무 눈부시거나 반대로 너무 깜깜한 것이었나 보다. 그러나 무한이 영영 그 모습을 숨길 수는 없었다. 무한의 비밀을 캐려는 수학의 탐험이 멈추어지지 않았기 때문이다. 무한이 미적분학의 기초였기에 특히 더 그랬다. 미적분학은 17세기에 탄생해서 눈부시게 성장한 수학이다. 미적분학은 무한히 작은 것, 순간, 연속, 무한 번이라는 개념들 위에 서 있었으니, 언젠가 누군가는 무한과 정면으로 마주할 수밖에 없었다. 그 언젠가가 바로 19세기 후반이었고, 그 누군가는 칸토르였다.

무한의 비밀을 밝혀낸 덕분에 수학의 기초는 탄탄해졌고 대변혁을 거쳐 인공지능 시대에까지 이르렀다. 그 비밀을 밝혀낸 상상력이 금시초문의 획기적인 무엇일 것 같지만, 사실은 정반대다. 세계 지성계를 강타한 이 상상력은 지극히 소박한 뿌리에서 나왔다.

무한을 들어 올리기 위한 지렛대와 받침대

아르키메데스는 순수 수학과 응용 기술 양쪽에서 전설적인 업적을 남겼는데, 전혀 예상치 않은 곳에다 지렛대의 원리를 적용했다. 응용 기술뿐 아니라 이론적인 문제들을 탐구할 때도 지렛대를 썼다. "받침대만 다오, 지구도 거뜬히 들어 올릴 수 있다"고 할 정

수학의 감각

도로 그는 지렛대의 능력을 믿었다. 어디 지구뿐이겠는가. 지렛대는 우주보다 거대한 무한까지도 들어 올릴 수 있다. 다만 상상의 지렛대와 받침대가 필요할 뿐이다.

지렛대: 자연수

우리가 사용할 지렛대는 자연수다. 자연수만큼 우리에게 친숙하고 믿음이 가는 수도 없다. 게다가 우리는 자연수가 무한이라는 사실을 자연스럽게 받아들인다. 나의 경험에 비춰 봐도 그렇다. "하나, 둘, 셋, …, 언제까지 셀 수 있을까요?"라는 내 질문에 남녀노소 없이 끝없이 셀 수 있다고 답했다. 상상 초월 초스피드로 수 하나를 세는 데 1초 걸린다 쳐도 한 사람이 평생 셀 수 있는 수는 30억을 넘지 못한다. 대대손손 먹지도 자지도 놀지도 않고 우리의 우주가 끝날 때까지 세도 자연수를 다 셀 수는 없다. 이 믿음은 아무리 큰 수가 있어도 그보다 최소한 하나는 더 큰 수가 있다는 믿음에 기인한다. 이처럼 언제부터인지 모르지만 자연수는 우리에게 가장 친숙한 무한이 되었다. 요지부동인 무한을 들려면 튼튼한 지렛대를 마련해야 하고, 그 지렛대가 자연수라는 것은 거의 필연적인 귀결이다.

받침대: 일대일 대응

자연수로 무한을 들어 올릴 때 받침대는 '일대일 대응'이라는 개념이다. 일대일 대응이란 남녀 한 명씩 짝을 지어 춤을 추듯이 하나에 하나만 짝을 짓는 것을 뜻한다. 이것은 두 집단의 크기를 비교하는 데 매우 유용한 방법이다. 두 집단의 크기를 비교하려면 두 집단을 각각 따로 센 다음 비교할 수도 있다. 예를 들어 대형 공연장 관객 중 남자와 여자 어느 쪽이 더 많은지 보려면 남자를 다 센 다음, 여자를 세서 두 수를 비교할 수 있다. 그렇지만 이 방법은 남자와 여자를 일대일로 짝지어 춤추게 하는 방법보다 멋도 없고, 게다가 비효율적이다. 집단 구성원이 많아질수록 일대일 대응을 시키는 쪽이 더 낫다는 것은 두말할 나위가 없다. 어린아이가 지은 모래집의 모래알 개수가 많은지 해운대 피서 인파가 더 많은지 보려면 피서 온 사람들에게 모래알을 하나씩 쥐어 주면 된다. 모래알이 남으면 모래가 더 많고 모래알이 부족하면 사람이 더 많은 것이다. 우연히 마지막 사람이 마지막 알갱이를 갖게 된다면, 더도 덜도 아니고 사람 집단과 모래알 수가 정확히 같은 것이고.

문제는 양쪽이 다 무한일 때다. 유한 집단을 비교할 때야 어느 한쪽이 소진될 때까지 해 보면 되지만, 무한은 어느 쪽도 소진되지 않는다. 그래서 한 집단을 센 다음, 다른 집단을 세서 둘을 비교하는 건 애당초 안 될 말이다. 자연수가 무한이라는 믿음도 하나를 더하면 수가 더 커진다는 것에 대한 믿음이듯 여기서는 '일대일 짝짓기 규칙'을 분명하게 제시하는 것 말고는 마땅한 방법이 없다. 물론 이런 규칙도 단순하고 친숙한 것일수록 좋다. 준비는 끝났다.

수학의 감각

문제를 잘 해결하는 사람일수록 친숙한 데서 답을 찾는 경향이 있다. 무한에 대한 탐구에서도 마찬가지였다. 무한을 연구한 선구자 중 한 명이 갈릴레이다. 그는 말년에 《두 개의 새로운 과학에 관한 수학적 증명과 대담》이라는 명저를 썼는데, 여기에 무한에 대한 의미심장한 사색을 남겼다. 사람들은 흔히 1, 4, 9, 16, … 같은 수들은 자연수 전체에 비해 매우 드문드문 나타나기 때문에 자연수 전체보다 훨씬 적을 것이라고 느낀다.

1 2 3 4 5 6 7 8 9 10 11 12 13 14 15 16 17 18 19 20 21 22 23 24 25 …

1　　4　　　9　　　　　　16　　　　　　　　　25 …

그렇지만 이 수들을 다시 쓰면 1^2, 2^2, 3^2, …이고, 이 수들은 (1, 1), (2, 4), (3, 9), …처럼 (n, n^2)으로 짝지을 '분명한 규칙'을 갖고 있기 때문에 실제로는 무엇이 더 많다고 말할 수 없다. 알고 나니 별것 아닌 것 같지만 갈릴레이의 언급에는 중대한 진보의 씨앗이 담겨 있다. 갈릴레오는 우선 1, 4, 9, …라는 부분이 자연수 전체와 같다는 것에 주목하고 그 부분을 보이는 방법으로 일대일 대응을 적용했다. 부분이 전체와 같을 수 있는 것은 유한 세계에 없는 무한 세계만이 갖는 독특한 성질이다. 그런데 이 명저가 출판 금지된 것보다 더 애석한 일이 있으니, 그것은 바로 갈릴레이가 "그래서 모든 무한은 같다"고 성급하게 마침표를 찍어 버렸다는 사실이다.

칸토르

그 뒤 250년이 지나 자연수를 지렛대로, 일대일 대응을 받침대로 삼는다는 생각을 끝까지 밀어붙인 사람이 나타났다. 바로 칸토르다. 러시아에서 태어난 그는 열한 살 때 독일로 이주해 당시 수학의 대가들이 모여 있던 베를린 대학에서 공부했다. 그 후 헨델의 고향인 할레에서 대학교수로 지내면서 난공불락으로 여겨졌던 무한과 일대일로 맞섰다. 어려서부터 바이올린 연주에 특출한 재능을 보였다는 것 말고 눈에 띄는 천재성을 드러내지는 않았지만 무한 연구에 대한 애정과 집념만큼은 따를 자가 없었다. 그러나 자연수와 일대일 대응이라는 친숙한 개념을 이용하지 않았다면 이런 열정으로도 무한을 들어 올리기는 어려웠을지 모른다. 매우 친숙한 것에서 시작해서 그는 이전의 누구도 상상 못한 충격적인 사실을 밝혀낼 수 있었다.

수학의 감각

어떤 호텔에서 "언제든 오세요. 우리 호텔은 만원이어도 항상 여러분을 맞을 준비가 되어 있습니다"고 광고했다면 이것은 과장 광고일 게 뻔하다. 객실이 차면 더는 손님을 받을 수 없는 건 당연하다. 당연하다? 아니다. 이 말은 객실 수가 유한하다는 가정에서만 그렇다. 무한을 받아들이면 상황은 급변한다. 칸토르는 "수학은 자유다"고 선언했다. 모순을 일으키지만 않는다면 무엇이든 상상해도 좋다는 말이다. 그러므로 우리도 상상에 제약을 두지 않기로 한다. 우리의 상상 속에서 별은 무한이고, 별마다 호텔이 하나 있고, 호텔에는 방이 무한하다고 가정하자.

1+무한=무한

"나는 영원히 그리고 또 하루 널 사랑할 거야"라고 말하는 것이 유한 세계에서는 멋진 고백이지만, 아쉽게도 무한 세계에서는 그보다 더 멋진 고백을 하도록 상상력을 쥐어짜야 한다. 무한 앞에서 '또 하루'는 있으나 마나다. 방이 무한개인 호텔이라면 만원인 상태에서 손님이 한 명 더 오더라도 상황은 그게 그거다. 0호실 손님은 1호실로, 1호실 손님은 2호실로…, 이렇게 n호실 손님을 n+1호실로 옮겨 주면 된다. (현재 방의 호수, 옮길 방의 호수)를 나타내는 규칙을 (n, n+1)로 하면 일대일로 짝지을 수 있다. 따라서 무한의 세계에서 '객실이 만원이다'는 말은 '손님을 더 받을 수 없다'와 같은 말이 아니다. 무한 세계는 유한 세계의 단순한 연장이 아니라 쓰이는 언어의 의미까지 달라지는 새로운 세계다.

무한＋무한＝무한

한 명이 아니라 1000명이 와도 문제가 안 되고, 아무리 많이 와도 상관이 없다. 게다가 자연수만큼 끝없이 더해진다고 해도 무한의 정도에는 변화가 없다. 이것을 수로 이야기하면 정수와 자연수가 같은 정도라고 말할 수 있다. 정수 전체와 자연수 전체가 일대일로 대응하니까 말이다. 왜 그런가? 정수는 1, 2, 3, … 같은 수만 있는 게 아니라 반대쪽에 -1, -2, -3, …들이 끝없이 있고, 그 중간에는 든든하게 균형 잡고 있는 0도 있다. 언뜻 보면 자연수의 2배에 하나가 더 많아 보인다. 그러나 영원히 그리고 영원히에 또 하루라고 해 봤자 무한 세계에서는 이것도 그냥 영원히와 별반 다를 것이 없다. 정수 중 양수는 짝수와 하나씩 짝을 짓고, 음수는 홀수와 하나씩 짝을 지으면 되기 때문이다.

같은 원리로 우리 호텔이 꽉 찼을 때 새로 손님이 무한 명 온다고 해도 문제없다. 새 방을 정할 일대일 대응 규칙이 얼마든지 있으니 차분하게 웃는 낯으로 손님을 맞이하면 된다. 예를 들어 새 손님들이 오기 전에 "n호 손님, 죄송하지만 $2n$호실로 옮겨 주세요"라고 해 두면, 홀수 호실은 모두 비기 때문이다. 이처럼 무한도 자연수와 일대일 대응이라는 친숙한 도구로 간단히 들어 올렸다.

무한×무한=무한

이제부터 나눌 얘기는 그리 만만하지 않다. 우주의 별이 무한인데 별마다 하나씩 있던 호텔이 모두 동시에 리모델링에 들어가, 1번 별에서 1호실, 2호실, 3호실, … 손님들이 끝없이 밀려오고 2번 별, 3번 별, …에서도 끝없이 손님들이 오고 있다. 별 번호와 묵었던 객실 번호만 알면 우리 호텔에 모두 묵게 할 수 있을까?

이 문제는 이전의 경우처럼 쉬이 풀리지 않는다. 호텔을 예로 드니 큰 차이를 못 느낄지 모르지만 그 안에 고개를 갸웃할 수밖에 없는 요인이 들어 있다. 만약 별 번호와 객실 번호 정보를 '별 번호, 객실 번호'로 나타낸다면, 예를 들어, 2번 별, 5호실에 묵었던 사람을 $\frac{2}{5}$로 나타낸다면 지금 우리가 풀어야 할 문제는 '세상의 모든 유리수 전체와 자연수 전체가 같은 정도인가?'라고 묻는 말과 다를 바 없어진다. '정수도 되었는데 뭐 어때?'라고 생각할 수 있지만 유리수 덩어리는 정수와 비교도 안 될 만큼 많다. 수직선에서 표시해 보면 정수는 자연수만큼 드문드문 찍어지지만 유리수는 꽉 채울 듯 촘촘하다. 우리는 $\frac{1}{2}$ 다음이 어떤 유리수인지 알 수 없고 아무리 작은 차이가 나는 유리수 두 개를 놓아도 그 사이에 유리수를 무한개 넣을 수 있다. 한마디로 유리수를 수직선에 찍으면 빈틈이라고는 하나도 없어 보인다. 그 자신과 그다음을 분별하기 어려울 정도로 매우 조밀하게 있는 것들이 과연 자연수와 같은 정도일까?

한 발 앞서 나간 우리의 상상은 확실히 효과가 있었다. 유리수 전체는 자연수에 비해 매우 빽빽하지만 유리수 정도의 무한도 자연수와 같은 정도일 뿐이다. 일대일로 대응한다는 것만 보이면 말이다. 어떻게 그게 가능한지 게시판에 질문이라도 올린다면 장담하건대 댓글이 엄청 붙을 것이다. 그만큼 방법이 많다.

관건은 일대일로 짝지을 '믿을 만한 규칙'이 무엇이냐를 명백히 밝히는 데 있다. 댓글을 단다면 나는 이렇게 달겠다.

"n번 별, m호실에 묵었던 손님은 이 호텔의 $2^n \times 3^m$으로 들어가 주세요. 예를 들어 5번 별, 2호실에 묵었던 손님은 $2^5 \times 3^2$호실, 다시 말해 288호실로 들어가시면 됩니다. 2번 별, 5호실에 묵었던 손님은 $2^2 \times 3^5$인 972호실에 들어가시면 되고요."

겹칠 일은 없을까 하고 걱정할 필요는 없다. 절대 없다는 것을 수학 하는 사람들이 댓글로 분명히 밝혀 주리라 믿는다. 굳이 걱정하라면 빈방이 너무 많다는 것이 어쩐지 걸린다. 2와 3의 곱으로 표현 안 되는 5, 7, 10, 11, … 같은 번호의 객실은 모두 비어 있을 것이고 뒤로 갈수록 객실이 드문드문 차서 손님들이 을씨년스럽다고 불쾌하게 여길 수는 있다. 사실, 이처럼 방을 너무 많이 놀리지 않고 모든 방을 차례차례 쓰게 할 방법도 있다. 어떤 방법이 있을까? 여러분의 댓글을 기다리기로 하고 이 문제는 일단 넘어가자. 중요한 것은 그 많은 손님이 무한 호텔 방에 모두 투숙할 수 있다는 사실이니까.

이번엔 우주가 하나가 아니고 하나, 둘, 셋, …으로 끝없이 많다고 상상을 전진시켜 보자. 이 경우도 전혀 문제없다. 이제는 (우주 번호, 별 번호, 객실 번호)로 해서 (n, m, k)인 3차원으로 넓어 졌을 뿐이다. 3번 우주, 2번 별, 1호실에 있는 분을 우리 호텔의 몇 호실로 모실까 하는 규칙만 미리 정하면 충분하다. 아까 적용했 던 해법 $2^n \times 3^m$ 대신 $2^n \times 3^m \times 5^k$호실로 모시면 된다. 다시 말해 (3, 2, 1)로 지정할 수 있는 손님을 $2^3 \times 3^2 \times 5^1$인 360호실로 배정해 주 면 된다. 4차원, 5차원, 6차원으로 올려 가도 문제는 없다. 곱셈 계 산만 빨리 해내면 된다. 세상에, 유리수처럼 빽빽한 무한도 3차원, 4차원, 5차원, … 공간을 빽빽하게 채울 무한도 모두 띄엄띄엄 있 는 자연수와 같은 정도라니!

자연수가 들어 올릴 수 없는 무한이 있다

그렇다면 혹자는 이렇게 말할 것이다.

"자연수를 지렛대로 써서 여러 무한을 보긴 했어. 신기한 것도 있었지. 하지만 결국 모든 무한은 같은 정도라고 말해 버리는 것 과 뭐가 달라? 그게 하필 자연수 정도라니 싱겁기도 하고 말이야."

이렇게 지금까지의 상상이 두뇌 놀이였을 뿐이니 차라리 카드 놀이나 바둑을 두는 것이 더 낫다고 생각할 독자도 있을지 모르 겠다. 하지만 현실은 달랐다. 칸토르의 '소박한' 상상은 지성계에 지각 변동을 일으켰다.

자연수 정도의 무한보다 근본적으로 큰 무한이 있다.

칸토르의 이 발견은 너무 막막해 이 사실을 이해하려면 부담스러울 정도의 상상력이 필요할 것 같다. 그러나 전혀 그렇지 않다. 지금부터 하는 이야기에 약간만 집중하면 이해할 수 있다. 이야기의 전체 틀은 이렇다.

- 새로운 무한이 있다고 상상한다. 어떤 방법이든 좋으니 그것을 자연수와 일대일로 짝지었다고 가정한다.
- 자연수와 짝짓지 못한 원소가 있을 수밖에 없다는 사실을 보인다.
- 결국 일대일로 짝짓는 방법이 있다는 것은 거짓이다. 따라서 그 무한은 자연수 정도의 지렛대로는 들어 올릴 수 없다.

새로운 무한

여러 예가 가능하지만 0과 1로 끝없이 쓸 수 있는 문자의 모임을 상상한다. 예를 들어 100000000…, 11000000…, 10100000…, 110101001… 들이 그 안에 있을 것이다. 0과 1 대신 끝없는 길이의 모스 부호를 상상해도 좋고, 주역의 양효와 음효가 끝없이 나열된 경우를 상상해도 좋다.

어떻게 안간힘을 썼든 이 모든 문자열과 자연수를 일대일로 짝지었다고 가정하자. 어떤 방식이든 상관없다. 그런 규칙이 하나라도 있다고 해 보는 것이다. 이제 0과 1의 끝없는 문자열은 '모두'

그리고 '저마다 하나씩' 자연수 꼬리표를 달게 되었다. 그 방식이 바로 이렇게 되었다고 하자.

자연수	무한 문자열
1	1 0 0 0 0 0 ···
2	1 1 0 0 0 0 ···
3	1 0 1 0 0 0 ···
4	1 0 1 0 1 0 ···
5	0 0 0 0 0 1 ···
6	0 0 1 1 0 1 ···
⋮	⋮

표 1

짝짓지 못한 원소

이제 0과 1의 문자열임에도 불구하고 자연수 꼬리표를 달지 않은 것이 존재한다는 사실을 보일 것이다. 이를 위해서 두 가지 조작을 할 것이다. 먼저, 자연수 1인 꼬리표가 붙은 문자열에서 첫 번째 기호를 뽑고 자연수 2인 꼬리표가 붙은 문자열에서 두 번째 기호를 뽑고 자연수 3인 꼬리표가 붙은 문자열에서 세 번째 기호를 뽑고…, 이렇게 계속 뽑아 가면서 문자열 하나를 만들겠다. 〈표 1〉 왼쪽 구석에서 한 줄씩 내려오면서 대각선을 따라 하나씩 기호들을 뽑는 것이다. 1과 짝지은 문자열 10000…에서 첫 번째 기호는 1이니까 1을, 2와 짝지은 1100000…에서 두 번째 기호는 1이니까 1을, 3과 짝지은 1010000…에서는 1, 4와 짝지은 1010101…에서는 0을 뽑게 된다. 그렇게 계속해 가면서 차례대로 놓으면, 다음과 같은 문자열이 나올 것이다.

1 1 1 0 0 1 …

〈표 1〉에 있는 수들을 순서대로 복사해 만들어 둔 이 수가 과연 어떤 자연수와 짝을 짓고 있을까? 가능성은 둘 중 하나다. 이 문자열이 어떤 자연수와 짝을 짓지 못하거나 짝을 지었거나. 만약 짝을 짓지 못했다면 상황은 여기서 종료된다. 자연수가 짝짓지 못한 원소가 이미 등장했다. 자연수로 '모두' 그리고 '하나씩' 문자열을 짝지었다는 것은 거짓말이었다.

남은 가능성은 하나다. 이 문자열이 어떤 자연수와 짝을 지었다고 해 보자. 이제 두 번째 조작이다. 방금 만들어 둔 문자열 111001…을 조금 변형하겠다. 이 문자열의 왼쪽 끝부터 하나씩 기호를 보면서 1이면 0을, 0이면 1로 유전자 조작을 해 보는 것이다. 그렇게 되면 앞의 문자열은 이렇게 변한다.

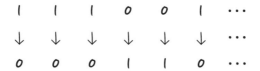

수학의 감각

그 결과로 등장한 문자열 000110…은 분명히 0과 1로 된 것이다. 이 문자열은 자연수 꼬리표를 붙이고 있을까? 아니다. 어떤 자연수와도 짝지어질 수 없다! 자, 보자. 우리가 만든 000110… 문자열과 자연수 1번 꼬리표가 붙은 100000… 문자열과 비교해 보라. 같을 수 있는가? 절대 없다. 왜냐하면 첫 번째 기호 1을 0으로 바꾸어 버렸기 때문이다. 첫 번째 기호부터 다르니 자연수 1번 꼬리표가 붙은 문자열과 우리가 새로 만든 문자열 000110…은 같을 수 없다. 그렇다면 새로 만든 문자열 000110…은 자연수 2의 꼬리표가 붙은 문자열일까? 아니다. 절대 그럴 수 없다. 자연수 2번 꼬리표가 붙은 문자열은 110000…로 두 번째 기호가 1인데, 우리가 만든 문자열은 그 두 번째 기호 1을 뽑아 두 번째 자리에 둔 다음 0으로 변형했기 때문에 같을 수 없다. 두 번째 자리 말고 다른 자리는 볼 필요도 없다. 하나라도 다르니 다를 수밖에 없다. 이런 비교는 끝없이 계속된다. 자연수 3번 꼬리표가 붙은 문자열의 세 번째 자리인 1은 새로운 문자열 000110…의 세 번째 자리에서 0으로 바뀌었다. 세 번째 자리가 다른 기호로 되었으니 3번 꼬리표가 붙은 문자열과도 같을 수 없다. 어떤 문자열과 비교해 봐도 마찬가지다. 자연수 n번 꼬리표가 붙은 문자열은 유전자를 변형한 문자열 000110…과 비교했을 때 n번째 기호가 다르다. 어떤 n에 대해서도 그렇다. 따라서 자연수 꼬리표가 붙은 어떤 것도 유전자를 변형한 것과 같을 수 없다. 결국 유전자가 변형된 원소는 분명히 0과 1의 문자열임에도 불구하고 자연수 꼬리표가 붙지 않았다.

결론

결국 무슨 말인가? 어떤 방식이든 자연수 꼬리표를 하나씩 붙이려는 모든 시도는 실패할 수밖에 없다. '대각선을 따라가면서 건져 올린 다음 유전자 변형'을 하는 단순한 조작으로 자연수와 일대일로 짝지으려던 우리의 소망을 무력화한 것이다.

그런데 0과 1의 문자열 모임은 실수 전체의 모임과 일대일로 대응시킬 수 있다. 즉 0과 1로 만든 무한 문자열의 집합은 실수라는 연속적인 집합과 같은 정도다. 실수는 소수점을 중간에 두고 자연수를 왼쪽과 오른쪽에 무한히 길게 써서 표현된다. 십진법으로 써진 것을 이진법으로 바꾸면 0과 1이 무한히 길게 늘어진 형태로 드러날 것이다. 예를 들어 0.33333⋯이라는 실수는 십진법 체계로 0과 3을 써서 나타난다. 이것을 이진법으로 바꾸면 0.0101010101⋯로 0과 1로만 쓰인 수가 된다. 0과 1로 된 무한 문자열은 자연수보다 근본적으로 많고 실수 전체는 0과 1로 된 무한 문자열과 일대일로 짝지을 수 있는 것이다. 따라서 실수 전체와 자연수 전체를 일대일로 대응시킬 수 없다. 그래서 '실수가 자연수보다 근본적으로 많다'고 결론지을 수 있다. 빽빽한 무한인 유리수 전체는 띄엄띄엄 있는 자연수 전체와 같은 정도였지만 연속인 (소수점 아래로 자유롭게 쓸 수 있는) 실수 전체는 자연수 전체와 비교할 수 없을 만큼 많은 정도의 무한인 것이다.

이 사실에서 여러 가지 사실을 도출해 낼 수 있다. 첫째 실수 전체에는 유리수 아닌 다른 수가 존재한다. 둘째, 앞에서 든 우리의 무한개 방을 가진 호텔에서 이진법으로 된 무한히 긴 전보를 칠 수 있다면, 가능한 모든 전보의 개수는 객실의 무한보다 근본적으로 더 많다. 가능한 모든 전보의 개수는 0과 1로 된 무한 문자열이고 호텔 방의 개수는 유리수 정도, 즉 자연수 정도였으니 말이다. 지금까지 한 것을 결과만 놓고 요약하면 다음과 같다.

- 0과 1로 된 무한 문자열의 모음이라는 새로운 무한을 하나 만든다.
- 그중에는 자연수와 짝짓지 못하는 문자열이 반드시 존재한다.
- 자연수 전체라는 무한과 새로운 무한은 일대일로 대응시킬 수 없다.
- 따라서 '자연수 무한 〈 새로운 무한'이다.

실수 전체나 무한 문자열 전체나 무한 전보 전체들 정도의 무한은 자연수 정도의 무한과는 근본적으로 다르고 수학에서 워낙 중요한 개념이어서 '연속체'라고 따로 이름을 붙여 부른다. 자연수 정도의 무한이 있고 연속체 정도의 무한도 있다는 사실을 칸토르는 인류 역사상 최초로 엄격하게 밝혀냈다. 게다가 단순하다. 그는 자연수보다 실수가 '더 큰' 무한이라는 사실을 처음 발견한 뒤로도 15년간 더 단순한 증명을 찾는 데 공을 들였다. 우리가 방금 본 것이 최종 방법이다.

그러나 여기가 끝이 아니다. 사실 이제 시작이다. 발견이 새로운 질문을 낳는다. 자연수 정도의 무한과 실수 정도의 무한 '사이'에 중간 정도의 무한도 있을까? 실수 정도의 무한, 그 너머의 무한도 있을까? 무한의 종류는 유한일까, 무한일까? 직선에 있는 점들의 무한과 우주를 가득 채우는 점들의 무한은 정도가 같다는데 그렇다면 1차원과 3차원을 구분하는 근본은 무엇인가? 등등.

이 문제들은 인류가 무한에 대해 갖고 있던 지성의 기초를 다시 점검하도록 했다. 아울러 그 이후 새롭고 놀라운 발견들을 낳는 강력한 자극이 되었다. 자신이 밝혀낸 사실들을 보면서 칸토르 자신도 "보고 있지만 믿을 수가 없습니다"고 벗에게 편지를 쓸 정도로 충격을 받았다. 그러나 보라. 지성에 지각 변동을 일으킬 충격적 발견이었건만 어디에도 복잡한 수식은 없고 보통 사람이 범접하지 못할 거창한 그 무엇에 기대지도 않았다. 파스칼이 말했던 인간의 숙명인, 아무리 알려고 해도 알 수 없는 그 무한도 바로 이런 친숙한 것을 지렛대 삼으니 거뜬하게 들어 올릴 수 있었던 것이다. 무한에 대한 기나긴 탐구는 우리에게 이런 메시지를 남긴다.

상상을 초월한다고 생각하는 것을 상상해야 한다면 먼저 친숙하게 상상할 수 있는 것을 지렛대로 삼아라.

수학의 감각

《수학의 감각》을
읽지 않으면 지적인
사람이 아닌가?

10장

생각
다이어트하기

청명한 초가을 어느 날 나는 파란색 시내버스를 타고 있었다. 교복을 입은 여고생 둘이 타더니 한 명은 내 옆자리에 앉고 한 명은 그 옆에 섰다. 두 사람은 경상도 억양으로 호들갑스럽게 말을 주고받았다.

하필 그때 오면 어떻게?

언제든 오라 해 놓곤?

내가 언제?

그랬잖아!

그냥…, 나 보고 싶을 때 오라 했지!

…….

'나 보고 싶을 때 오라는 말이나 언제든 오라는 말이나.' 듣자고 들은 건 아니고 들려서 들은 건데 나도 모르게 그 순간 그런 생각이 스쳐 지나갔다. 투정처럼 보이기도 했지만 둘이 주고받는 미소가 하도 밝아 나도 살짝 웃고 말았다.

생각 다이어트의 0단계: 생각의 군살 원인 파악하기

같은 것을 달리 보는 경우

생각을 복잡하게 만드는 원인은 여러 가지다. 잘 따져 보면 그 여러 이유를 떠받치는 이유가 또 있다. 그것은 생각에 낀 군살이다. 이럴 땐 생각 다이어트가 필요하다. 생각 다이어트를 하면 머릿속이 가붓해지고 필요한 곳에 집중할 수 있는 생각 근육도 길러진다. 주변을 둘러보면 몸 다이어트 프로그램은 넘치는데 생각 다이어트 프로그램은 적다. 생각 다이어트를 하려면 먼저 생각의 군살이 어디서 왔나를 생각해 봐야 한다.

먼저 앞의 두 학생 사례를 보자. 뜻이 같은 단어를 다르게 해석한 경우다. 같은 게 달라 보이니 생각이 복잡해질 수밖에. 이때 문제의 핵심은 단어의 과잉이다. 문학가들이 들으면 펄쩍 뛰겠지만 나는 가끔 하늘을 보면서 '세상에 단어가 너무 많은 게 아닐까?'라고 생각하곤 한다. 특히 외국어를 공부할 때 더 그렇다. 그럴 때는 이런 상상을 보탠다. 사전을 처음부터 보면서 단어마다 주머니를 만든다. 그러다 앞에서 나온 단어와 뜻이 같은 단어가 나오면 이미 앞에서 마련해 놓은 주머니에 넣는다. '분류해 낼 수 있는 법칙이 있을까?' 우리는 있다고 가정해 놓고 시작한다. 상상이니까 가능하다. 새 주머니를 마련하거나 이미 마련한 주머니에 넣는 작업을 계속한다. 내가 가진 영어 사전으로 이 작업을 한다면 마지막 단어인 Zymurgy를 뜻이 같은 단어들이 들어 있는 주머니에 담거나 새 주머니를 만들면서 끝날 것이다. 단어들이 그에 걸맞는 주머니에 담겨 있는 걸 보면 뿌듯하리라. 어떤 주머니는 볼록하고 어떤 주머니는 단어 하나만 있어 홀쭉하다. 이제 가장 쉬운 단어를 각 주머니의 대표로 정해 주고 그것들만 써서 의사소통을 한다. 나의 엉뚱한 상상은 여기까지다.

실제로도 언어가 지나치게 많으니 줄여 쓰자는 사람들이 있다. 《허클베리 핀 모험》을 쓴 마크 트웨인도 그중 하나다. 이것은 '간단한 영어 운동'으로 발전했고 지금은 간단히 영어를 쓸 수 있도록 도와주는 소프트웨어가 있을 정도다. 실제 신문 기사 내용을 이 프로그램에 넣으면 기사 길이가 반으로 줄어든다고 한다. 외국어 공부 때문에 골머리 앓는 나 같은 사람에게는 희소식이다.

이렇게 사용하는 단어를 단순하게 줄여 거품을 빼면, 분명 읽고 쓰기가 가벼워질 것이다. 이 접근법은 단어와 문장을 공략해 생각하기에서 군살을 빼려는 전략이다.

다른 것을 같다고 보는 경우

수학자들 중에도 생각 다이어트에 관심을 가진 사람들이 있었는데, 다만 접근 방식이 달랐다. 생각을 이해하려면 주고받는 말에서 내용은 아예 빼내야 할 필요가 있다고 주장한 것이다. 그러면 어떻게 될까? 생각의 뼈대만 앙상하게 남을 것이다. 다시 말해 형식적 구조만 남는다. 도대체 무슨 말이냐며 의아해할 수도 있다. 호흡을 늦추고 함께 산책하며 이야기하듯 풀어 가 보자.

생각에 군살이 생기는 원인 중 하나가 논리적 착각이다. 같은 말을 달리 드러내서 생각이 복잡해지기도 하지만 다른 말을 같다고 보는 착각도 심심찮게 일어난다. 생각이 꼬여 헷갈리는 것이다. 예를 드는 것이 좋겠다.

한 남자가 있다. 그는 분위기를 잡아 사랑하는 여자친구에게 "비가 오는 수요일엔 너에게 빨간 장미를 선물할게"라고 한다. 느끼했던 것일까? 여자는 깔깔 웃으며 이렇게 답한다. "아니 그럼, 비가 안 오면 장미 선물 안 할 거야?"

남자는 서러워 눈물이 찔끔 난다. 그는 논리에 익숙한 사람이라 더욱 억울했다. 그는 비가 오는 수요일에 대해 말했을 뿐 비가 안 오는 날에 대해서는 아무런 말도 하지 않았다. 남자에게는 비슷한 일이 낮에도 있었다. 친구와 만나 얘길 나누는데 건너편 테이블에 앉은 사람이 《수학의 감각》을 읽고 있는 것이다. 남자는 자신도 모르게 "《수학의 감각》을 읽고 있다니, 멋진 사람인걸" 하고 중얼거렸다. 그러자 친구가 대뜸 "아니, 그럼 그 책 안 읽으면 멋진 사람이 아니란 거야?"라며 쏴붙이는 게 아닌가.

그는 책을 읽는 사람에 대해 자기 생각을 말했을 뿐이다. 책을 읽지 않은 사람 중에도 멋진 사람이 물론 있을 거라고 생각한다. 그런데 친구가 그런 반응을 보여 억울하다. 여자친구도 똑같은 오해를 했으니 억울할 만도 하다. 남자는 철학자 비트겐슈타인이 쓴 《논리-철학 논고》의 마지막 문장을 떠올렸다. "말할 수 없는 것에 대해서 우리는 침묵하지 않으면 안 된다." 남자는 이 말을 친구와 여자친구에게 해 주고 싶었지만 참았다.

남자가 당한 두 오해의 내용은 다르지만 뼈대만 보면 같다. 내용을 덜어 내 보자.

두 사례 모두 "P 하면 Q 한다"는 남자의 말에 "P 하지 않으면, Q가 아니란 말이냐?"고 쏴붙인 경우다. 뒤에 보겠지만 이 두 문장의 틀은 결코 논리적으로 같지 않다.

이와 같이 논리적 오류는 같지 않은 것을 같다고 하면서 생각에 군살을 붙인다. 앞의 예들이 억지처럼 들릴지 모르지만 나는 실제로 종종 듣는다. 멋있는 말을 잔뜩 늘어놓는 사람의 말을 뼈대만 놓고 보면 다른 것을 같다고 보는 경우가 드물지 않다. 아래 문장은 실제로 내가 어떤 글에서 읽은 것을 짧게 요약한 것이다.

사랑에 빠지면 모두 눈이 멀게 되지. 두루 못 봐. 사랑하는 대상에 집중하니까. 그런데 우리는 모두 무언가에 눈이 멀었어. 우리는 항상 그 무언가와 사랑에 빠진 거야.

이 문장들은 말이 길어지면서 판단을 멈칫거리게 한다. 실제 글은 더 길었고 더 멋진 말로 되어 있었으니 판단이 더 어려울 수 있었다. 하지만 말의 구조만 놓고 보면 이 경우도 다른 것을 같다고 한 경우다.

처음엔 '사랑에 빠지면 눈이 먼다'는 주장을 했고 뒷부분에서 별다른 근거 없이 갑자기 '눈이 멀면 사랑에 빠진 것이다'는 결론을 내렸다. 뼈대만 보면 이런 형식의 생각은 'x=1이면 x^2=1이다'가 참이라면서 'x^2=1이면 x=1이다'고 주장하는 방식이다. 이건 분명 다른 문제다. x=1이면 x를 제곱해도 1이니 x^2=1이다. 앞 문장은 참이다. 그러나 x^2=1이라고 해서 x가 꼭 1만 된다고 말할 수는 없다. x가 −1일 수도 있지 않은가! 누군가가 "돈을 벌면 선물할게"라고 약속하고 어느 날 선물을 주었다고 해서 그가 돈을 벌었다고 함부로 단정해선 안 된다. 빚을 내서라도 선물을 하고야 마는 사람들은 분명히 있다. "아직 말할 수 없는 것에 대해서는 제발 침묵해야 한다." 아직은 같지 않은 것에 대해서 미리 같다고 예단하지 않도록 조심하자. 그런 논리적 비약이 생각에 군살을 붙이고 상황을 복잡하게 한다.

생각의 뼈대 남기기

미국 대형 서점 '반스 앤 노블'의 CEO는 "미래에는 사람들이 생각을 버릴 알약을 먹을 것이다"고 말했다. 이미 너무 많은 정보가 넘쳐 나고 있다. 정말로 생각이 넘치고 복잡해져서 견디기 힘든 지경에 이를 수도 있다. 하지만 굳이 알약을 먹을 필요는 없다. 생각 다이어트로도 충분하다.

수학은 식, 도형에서 시작되었지만 이상한 주제를 수학의 영역으로 끌어와 탐구한 수학자들도 있다. 그 주제 중 하나에 '사람의 생각'도 있다. 이미 2000년 전 아리스토텔레스는 올바른 추론이 무엇인지 분석했고, 17세기의 데카르트, 라이프니츠 같은 이들은 생각을 계산해 내려는 꿈도 꾸었다. 18세기의 오일러도 효율적인 추론 과정에 대해 생각했다. 그러나 이들의 꿈은 현실에서 크게 구현되지 않았다. 그때만 해도 그 꿈을 이루기 위한 수학 언어가 충분히 성숙해 있지 않았기 때문이다.

19세기에 상황이 급변했다. 수학의 경우, 기호가 언어를 대신했고 개념은 잘게 나뉘어 정밀해졌으며 혁신을 거친 계산 기술은 무르익을 대로 무르익은 시대였다. 영국의 수학자 불(Boole)은 생각을 계산하려는 선배들의 꿈을 부활시켜 현실에서 구현할 초석을 마련한다. 문제의 핵심은 많은 문제가 그렇듯 '생각'이라는 밑

영국의 수학자 불

도 끝도 없는 그 무엇에서 어떻게 '생각 과정'의 정수만 남기고 나머지는 덜어 내느냐였다.

불은 치열하게 덜어 냈고 마침내 생각의 골격들이 정돈되기 시작했다. 생각에서 내용은 덜어 내고 틀만 남겼기 때문에 단순한 문장만 남는다. '비가 온다' '장미꽃을 선물한다' '책을 읽는다' '그는 멋지다' 같은 것들이다. 이것은 더는 쪼갤 수 없는 형태다. 복잡한 문장을 가장 단순한 문장으로 덜어 내면 결국 그런 문장만 남는다. 단순화된 모든 문장은 'A는 B다' 꼴의 변주다. 참과 거짓을 말할 수 있는 문장이다. 물론 '너는 멋져' '아, 나의 아름다운 사람이여!'처럼 참과 거짓을 말하기 어려운 문장도 있다. 하지만 이야기를 편하게 풀어 가기 위해 참과 거짓을 판단할 수 있는 문장만 있다고 하자.

생각을 계산하기

단순한 문장들만 있는 건 아니다. 섞인 문장도 있다. 앞의 예들에서 보았듯이 우리에게 가장 흔한 생각의 형태는 '~이면 ~이다'는 꼴이다. 외국어 배울 때도 이것의 다양한 형태를 익히는 것이 꽤 중요하다. 그리고 '그리고'가 있다. 문장을 '그리고'로 엮은 형태는 매우 흔하다. '그리고'처럼 기본 문장을 섞고 엮는 것을 문법에서는 접속사라고 부르는데, 수학에서는 덧셈, 곱셈 같은 셈이 여기에 해당된다. 1과 1은 수이고 1+1은 1과 1을 엮는 셈이다. 수라는 대상에 덧셈, 뺄셈, 곱셈, 나눗셈 같은 기본 셈들이 있듯이 단순 문장이라는 대상에도 기본이 되는 셈들이 있다. 꼭 이것만 있는 것은 아니지만 기본적인 셈으로는 보통 아래 4가지를 꼽는다.

~그리고~, ~또는~, ~이면 ~이다, ~이 아니다

앞으로 나올 내용이 삭막할 수 있으니 여기서 잠시 숨을 고르자. 기왕이면 풍류가 느껴지는 글을 예로 들겠다. 송나라 시인 황정견의 시 일부다.

만 리 푸른 하늘에
구름 일고 비 오네
산은 비었고 사람은 없구나
물이 흐르고 꽃이 피네

여기서 '물이 흐른다' '꽃이 핀다'는 단순 문장 둘만 빌려 와 이야기를 해 보겠다. 기본 셈들을 이용해 새로운 복합 문장을 만들 수 있다.

물은 흐르고 꽃이 핍니다.

물이 흐르거나 꽃이 핍니다.

물이 흐르면 꽃이 핍니다.

물이 흐르지 않습니다. 꽃이 피지 않습니다.

물론 '물이 흐르고 꽃이 피면 꽃이 피거나 물이 흐르지 않습니다'는 식으로 얼마든지 더 복잡하게 만들 수 있지만 일단 여기까지만 하겠다.

참과 거짓 판단하기

앞서 우리는 참과 거짓을 판단할 수 있는 문장만 있다고 가정하기로 했다. 예로 든 두 문장을 판단할 경우는 〈표 1〉처럼 4가지로 요약된다. '물이 흐른다'가 참이고 '꽃이 핀다'가 참 또는 거짓인 두 상황이 있고, '물이 흐른다'가 거짓이고 '꽃이 핀다'가 참 또는 거짓인 두 상황이다. 낯설겠지만 기호를 쓰는 게 낫다. '물이 흐른다'는 아직 내용이 선명해서 지금 우리의 생각 다이어트를 방해할 수 있다. 그래서 기호로 바꿔 버리면 더는 덜어 낼 것 없이 뼈대만 남는다. 문장 대신 최종적으로 P, Q 같은 기호를 쓰고 참은 1로 거짓은 0으로 하자. 〈표 1〉처럼 나타내면 간단하다.

그뿐만 아니라 문장의 셈도 기호로 바꿀 수 있다. 'P 그리고 Q, P 또는 Q, P이면 Q이다, P가 아니다'를 차례로 'P∧Q, P∨Q, P→Q, ~P'라는 기호로 써서 생각을 더 덜어 낸다. 단순한 문장들

	단순 문장과 참 / 거짓		기호로 나타내기	
	물이 흐른다	꽃이 핀다	P	Q
상황 1	참	참	1	1
상황 2	참	거짓	1	0
상황 3	거짓	참	0	1
상황 4	거짓	거짓	0	0

표 1

이 엮여 있을 때도 참과 거짓을 말할 수 있다. 그래서 물이 흐르는 것도 참이요, 꽃이 핀 것도 참이라면 '물이 흐르고 꽃이 핀다'도 참일 것이다. 물이 흐르는 것이 참인데 꽃이 핀다가 거짓이라면 '물이 흐르고 꽃이 핀다'는 거짓이라고 판단하는 게 합리적이다. '물이 흐른다'고 믿으면서 '물이 흐르지 않는다'고 하면 P가 참일 때, ~P는 거짓이라는 말이다. 이런 일련의 기준들을 〈표 2〉처럼 하나로 간단히 나타낼 수 있다. 〈표 2〉의 (가), (나) 칸은 4가지 발생 가능한 상황이고 그 나머지 오른쪽은 문장이 섞여 있을 때 참과 거짓을 판단한 것이다. 예를 들어 두 번째 줄, P가 참(1), Q가 거짓(0)인 상황일 때 (마) 칸을 보면 알 수 있듯이 'P이면 Q이다(P→Q)'는 복합 문장은 거짓으로 판단하는 것이다.

'아니, 참과 거짓을 판단하는 것도 힘든데 꼭 이렇게까지 해야 하나? 특히 (마) 칸에서 왜 하필 P가 참이고 Q가 거짓일 때만 P→Q가 거짓이 되어야 한단 말인가? 1+1=2만 된다더니, 수학은

P	Q	P∧Q	P∨Q	P→Q	~P	~Q	~Q→~P	Q→P	~P→~Q
1	1	1	1	1	0	0	1	1	1
1	0	0	1	0	0	1	0	1	1
0	1	0	1	1	1	0	1	0	0
0	0	0	0	1	1	1	1	1	1
(가)	(나)	(다)	(라)	(마)	(바)	(사)	(아)	(자)	(차)

표 2

정말 답답하고 이상해!' 이렇게 생각할 분도 있겠지만 잠시만 참아 주시기를 부탁드린다. 차근차근 풀어 보겠다. 왜 하필 P가 1이고 Q가 0일 때만 P→Q는 0이고 나머지 경우에서는 모두 1이라고 할까? 답은 이것이다. 우리는 그렇게 하기로 작정한 수학을 하고 있고 오랜 검증 과정에서 그 수학이 가장 좋은 수학이라고 여긴 거니까 그렇다. 즉, 누군가는 "P가 참, Q가 거짓일 때 나는 P→Q를 '참'으로 판단하겠다"는 수학을 창시해서 해도 된다. 다만 한번 이렇게 하기로 했으면 이런 수학을 하는 동안에는 끝까지 이 원칙을 지켜 주기를 바랄 뿐이다. 그 대신 나는 P가 참, Q가 거짓일 때 P→Q를 '거짓'으로 판단하는 수학을 할 것이고, 이 원칙을 이 글이 끝날 때까지 지킬 것이다.

오기 때문이 아니다. 나름대로 이유가 있다. '비 오는 수요일에는 빨간 장미를 선물한다'를 예로 생각하면 조금 쉽다. 정말 비가 오는 수요일이 되었다. 그런데 빨간 장미를 선물하지 않았다면 그것은 거짓말일 것이다. 다시 말해 P가 1, Q가 0일 때, P→Q은 0이 된다. 비 오는 수요일이 아니라면? 봄꽃 날리는 수요일이나 눈 내리는 목요일이라고 해 보자. 어쨌든 비 내리는 수요일은 아닌 날이다. 이럴 때는 내가 빨간 장미를 선물하든지, 까만 구두를 선물하든지 나는 거짓말을 한 것이 아니다. 그래서 전제가 되는 P가 거짓이면 Q가 참이든 거짓이든 상관없이 'P→Q는 참'이라고 해석할 수 있다. 다시 말하지만, 판단은 자유다. 여기서 중요한 것은 작정해 둔 판단 기준에 따라 가능한 4경우마다 참과 거짓을 드러낸다는 것이다. 이것만 분명하면 자신의 판단 체계에서 같은 건 같다고 말하고 다른 건 다르다고 말할 수 있다. 보통 사람과 뱀파이어는 햇빛으로 확연히 구분되듯, 참과 거짓의 구분을 통해 생각을 덜어 내고 덜어 내면 이전에는 숨겨져 있던 것이 확연히 그 모습을 드러낸다.

같은 건 같다고 하고 다른 건 다르다고 하기

이제 중요한 지점에 이르렀다. 생각을 표로 만들어 정리하고 보니 닮았지만 다른 것이 분명히 드러난다. 〈표 2〉에서 (마) 칸의 P→Q와 (자) 칸의 Q→P를 비교해 보라. 어떤 상황에서는 같을 수 있어도 어떤 상황에서는 다르다. P가 참이고 Q가 거짓인 경우와, P가 거짓이고 Q가 참일 때, 섞인 문장 P→Q와 Q→P에 대한 판단은 다르다. '사랑에 빠지면 눈이 먼다'는 생각과 '눈이 멀었으니 사랑에 빠졌다'는 분명히 같은 생각이 아니다.

그뿐만이 아니다. (차) 칸과 P→Q를 비교해 봐도 알 수 있듯이 P→Q와 ~P→~Q도 현실 속의 문장에서는 비슷해 보이지만 다른 문장이다. "《수학의 감각》을 읽으면 멋진 사람이야"라고 말했다고 해서 "《수학의 감각》을 읽지 않으면 멋진 사람이 아니다"고 넘겨짚어서는 안 된다. 말로 쓸 때 둘은 비슷하지만 표로 드러내니 분명히 다르다. '다른 것은 다르다'고 말해야 한다.

그런가 하면 겉모양은 다르지만 항상 진리 값이 같은 문장들도 있다. 〈표 2〉에서 P→Q인 (마) 칸과 ~Q→~P인 (아) 칸을 비교해 보면 P와 Q에서 가능한 참과 거짓 4가지 경우에 상관없이 항상 같은 판단이 나온다. P가 참, Q가 참일 때, P→Q는 참이요, ~Q→~P도 참이다. P가 참, Q가 거짓일 때, P→Q는 거짓이요, ~Q→~P도 거짓이다. 남은 두 경우에도 P→Q는 참, ~Q→~P는 참이다!

실제로 "물이 흐르면 꽃이 핍니다"가 정말이라면, "꽃이 피지 않은 걸 보니 물이 흐르지 않은 걸 알겠군요"라고 말하는 것은 충분히 받아들일 만하다. 나의 판단 체계에서는 논리적으로 같은 말인 것이다. 같은 말은 표현이 달라도 같다고 보는 것, 그게 생각 다이어트다. 그런 예를 몇 개만 더 적어 보겠다.

다음과 같이 〈표 3〉을 만들어 보면 P와 Q의 참과 거짓 상황에 상관없이 같은 것이 드러난다. 같은 것을 '='라는 기호로 표시하면 (가)=(다), (라)=(마), 그리고 (바)=(사)이다.

P	Q	~~P	~(P∧Q)	~P∨~Q	~(P∨Q)	~P∧Q	P∨~P
1	1	1	0	0	0	0	1
1	0	1	1	1	0	0	1
0	1	0	1	1	0	0	1
0	0	0	1	1	1	1	1
(가)	(나)	(다)	(라)	(마)	(바)	(사)	(아)

표 3

　항상 참인 구조도 있다. 중요한 것은 말의 내용이 아니라 그 구조다. 〈표 3〉에서 (아)에 나온 P∨~P는 나의 판단 체계 안에서 항상 참일 수밖에 없는 구조다. P가 어떤 문장이든 상관없다. P가 '내일 비가 온다'라면 이 구조는 '내일은 비가 오거나 비가 오지 않을 것이다'는 내용을 가질 것이다. 이런 일기예보는 백발백중일 수밖에 없다. 반면 항상 거짓인 구조도 있다. 예를 들어 P∧~P 구조다. 단순 문장 P가 '너를 사랑한다'라면 '나는 너를 사랑하고 그리고 사랑하지 않아'가 된다. 문학이나 현실에서 가끔 보이고 그럴듯하게 들리기도 하지만, 생각 다이어트에서는 거짓부렁이다. 이런 '구조'는 표로 만들어 보면 어떤 경우든 항상 거짓이 된다. 이런 모순적인 구조에 그럴듯한 말을 넣어 노랫말을 만들기도 한다. 물론 거기엔 잘못이 없다. 세상에는 여러 논리가 적용 가능하기 때문이다. 노자의 심오한 말처럼 '도는 도이고, 도가 아니다'도 마찬가지다. 다른 종교에서도 한 곳에서는 P라고 말해 놓고 다른 곳에서는 ~P라고 하는 모순적인 문장을 모두 옳다고 할 때가 드물지 않다. 물론 이것도 참이라고 할 수 있다. 이런 논리 체계에서는 P라고 주장하는 사람과 ~P라고 주장하는 사람이 다툴 때, 너도 옳고 또한 너도 옳다고 말할 수밖에 없다.

하지만 이야기 처음부터 지금까지 내가 받아들이기로 한 진리 체계는 모순을 받아들이는 노자의 논리와 다르다. 나의 '참-거짓 표'가 나의 판단 체계이며 나의 입장이다. 나는 '산은 산이고, 물은 물이다'는 논리 체계를 펴고 있을 뿐이다. 대중가요나 노자의 논리 체계로 판단하고 싶으면 그렇게 하면 된다. 거기서는 $P \wedge ~P$가 참일 것이다. 그러나 거기서 우주선을 쏘아 올릴 수 있는 수학은 절대 나올 수 없다는 것을 나는 안다. 라이프니츠는 수학 세계의 뿌리 중의 뿌리는 $P \wedge ~P$가 항상 거짓이라는 데 있다고 했다. 목에 칼이 들어와도 1=0이 아니라고 말하는 거기에 수학은 뿌리를 내리고 있다. 1=0이 된다면 2=1이 되고 그래서 2=0이 된다. 결국 모든 수가 같다. 그 세계에서는 수가 하나밖에 없어 '분별'도 없다. 마찬가지로 $P \wedge ~P$가 참이라면 세상의 모든 문장이 참이다. 수학은 이 사실을 '증명'할 수 있다. 아무 말이나 참이라면 말을 하나 안 하나 같은 세상이고 비 오는 수요일에 장미꽃을 선물하든 안 하든 같다.

수학의 감각

생각 다이어트 2단계: 생각을 계산하기

———

생각 다이어트로 군살을 빼면 생각은 비약할 수 있다. 이제 어느 정도는 생각을 계산하는 것도 가능하다. 생각들을 기호로 표시하고 같은 것을 같다고 하면서 긴 문장을 짧게 바꾸는 것이 '생각의 계산'이다. 지금은 낯설어서 그렇지만 몇 개의 법칙만 깨달으면 복잡한 문장을 자유자재로 바꾸며 놀 수 있다. '긴 문장을 짧게 줄이는 게 뭐 대수라고?'라고 생각할지 모르지만 아래의 예를 보면 생각이 조금 바뀔 수도 있다.

졸업식 날 민국이 아버지는 기분이 나빴다. 민국이는 공부도 가장 잘하고 축구도 아주 잘한다. 그런데 '우수학생상'을 받지 못한 것이다. 그럴 수도 있겠다 싶었지만 한편으로는 서운한 마음을 이기지 못했다. 선생님과 단 둘이 있게 되었을 때 슬쩍 말을 건넸다.

"우리 민국이가 우수학생상을 못 받았더군요. 공부도 1등이고 축구도 잘해서 지난 가을 학교 대항전에서도 크게 기여했는데 말이죠."

"아, 그랬나요? 저희 학교에서는 공부 잘하는 것은 물론이고, 다른 학생을 잘 돕고, 학예회에도 열심히 참여하는 학생에게 우수학생상을 줍니다. 그중에서도 말썽을 덜 부렸거나 운동을 잘해서 몸이 건강한 친구에게 점수를 더 주고요. 그런데, 민국이는요…."

선생님은 무슨 말을 이어서 했을까? 눈치가 빠른 독자는 이미 결론을 내렸겠다. 그만한 직관이 부족하니 하나하나 '계산'을 해 보겠다. 먼저 기호로 바꿔 생각을 덜어 낸다. 우수학생을 P라 하자. 그리고 '공부를 잘한다'를 A로, '다른 학생을 잘 돕는다'를 B로, '학예회에 열심히 참여한다'를 C로, '말썽을 자주 부린다'를 D로 하고 마지막으로 '운동을 잘한다'를 E로 놓자. 그렇다면 선생님의 요지는 다음과 같이 바꿀 수 있다.

P는 A∧B∧C∧(~D∨E)와 같다.

그런데 민국은 우수학생상을 받지 못했기 때문에, ~P라는 말이므로 ~(A∧B∧C∧(~D∨E))이다. 우리의 판단 체계에 따라 민국의 성향을 아래처럼 계산해 볼 수 있다. 다음은 이 문제의 '계산하기'며 '적용 법칙'은 한 단계에서 다른 단계로 계산할 때 쓰인 규칙이다.

생각 다이어트 계산

$$\sim P = \sim(A \wedge B \wedge C \wedge (\sim D \vee E))$$
$$= \sim A \vee \sim B \vee \sim C \vee \sim(\sim D \vee E)$$
$$= \sim A \vee \sim B \vee \sim C \vee (\sim\sim D \wedge \sim E)$$
$$= \sim A \vee \sim B \vee \sim C \vee (D \wedge \sim E)$$

적용 법칙

$$\sim(P \wedge Q) = \sim P \vee \sim Q$$
$$\sim(P \vee Q) = \sim P \wedge \sim Q$$
$$\sim\sim P = P$$

수학의 감각

민국의 아버지 말에서 민국은 A이고 E인 학생이다. 다시 말해 민국은 A∧E이다. 그런데 상을 받지 못했으니 동시에 ~P다. 이제 ~P 자리에 위의 계산 결과를 대신 쓰자.

$$(A \wedge E) \wedge (\sim A \vee \sim B \vee \sim C \vee (D \wedge \sim E))$$

이것을 마저 계산하면, 결국 (A∧E)∧(~B∨~C∨D)만 나온다. 다시 말해 민국은 공부를 잘하고(A) 운동도 잘했지만(E) 다른 학생을 잘 돕지 못했거나(~B) 학예회 활동을 열심히 하지 않았거나(~C) 말썽을 부린(D) 것이다.

잠깐만 생각하면 될 것을 너무 장황하게 설명한 것일까? 그렇다. 이 문제 상황에서는 그렇다. 여기서는 우리의 직관만으로도 충분히 계산 없이 답을 내릴 수 있다. 그러나 변수가 매우 많고 상황이 복잡하다고 상상해 보라. 이런 방법을 동원해 계산하면 생각의 오류를 줄일 수 있고, 계산하다 질리면 잠시 쉬었다 나중에 다시 해도 된다. 달리기 선수가 필요한 근육만 남기면 매우 빨리 달릴 수 있듯이 생각 다이어트를 하고 일단 생각하기 계산에 들어가면 매우 빨라지고 정확해진다. 게다가 이런 절차가 귀찮으면 기계에 맡길 수 있다는 엄청난 장점도 있다. 오늘날 컴퓨터가 생각하는 것처럼 행동하고 인공지능이 '계산'으로 인간 지능의 영역을 대체해 가는 힘도 여기서 나온다. 그렇다. 인공지능은 혹독한 생각 다이어트 프로그램을 완수했다.

낯설게 하기-뒤집기 기술

《이상한 나라의 앨리스》는 출판된 지 150여 년이 지난 지금도 새로운 언어와 매체로 다시 태어나는 세계적인 동화다. 이 작품과 이 작품의 후속 편인《거울 나라의 앨리스》로 세계적인 작가가 된 루이스 캐럴은 논리 게임을 좋아했다. 그는 작가이자 사진가였지만 주업은 옥스퍼드 대학교 수학과 교수였다.

그의 동화들은 겉은 환상의 세계로 유유히 흘러가지만 속을 들여다보면 논리들이 복잡하게 얽혀 있어 난해한 책으로도 유명하다. 수학자여서 책을 쓸 때 생각 다이어트 프로그램을 작동시켰던 것일까? 루이스 캐럴이 평소 논리 연구와 논리 게임을 지독히 즐겼던 것을 고려해 보면 자신도 모르게 창작물에 논리적 형식을 도입했을 가능성이 크다. 생각 다이어트가 창작물에 녹아든 것이다.

러시아의 형식주의 문학 비평가들은 '문학은 언어의 산물이다'는 기본을 재확인하고 문학 창작과 비평에서 '낯설게 하기'와 '분리하기' 개념을 전면에 내세웠다. 생각을 낯설게 하려면 생각의 뼈대만 드러내는 것이 매우 효과적이다. 항상 깨어 있기 위해 왼손으로 젓가락질을 했다던 수행자는 오른손의 낯익음을 왼손의 낯설음으로 맞섰다. 생각에서 내용을 빼고 기호로만 써 놓으면 익숙했던 것도 낯설어진다. 그리고 상상력은 낯익음보다 낯섦음과 더 친하다. 하지만 이미 낯익은 것을 어떻게 낯설게 본단 말인가? 이는 말처럼 쉽지 않다.

바로 이 지점에서 생각 다이어트가 한몫을 한다. '구조만 드러내기'는 낯설게 하기를 의도적으로 이끌어 내는 상상력의 마술 지팡이가 되면서 말이다. 문장을 P, Q 같은 기호로, 생각의 셈을 ∧, → 같은 기호로 나타낼 때까지 생각을 단순화하는 것을 '낯설게 하기 단계'라고 부르겠다. 그렇게 해서 어떤 생각을 P→Q로 뼈대만 드러냈다고 하자. 그러면 Q→P로 생각을 뒤집어 보기가 간편해진다. 내용까지 전면에 드러낼 때는 뻔했던 내용이라도 P→Q로 그 구조만 드러내 놓고 보면 어느 정도 낯설어지고 뒤집힌 Q→P는 더 낯설어진다. 이렇게 이중으로 낯설게 하기는 상상력 버튼을 'on'으로 누르는 힘을 갖고 있다. 문학 창작에서도 이런 방식은 흔히 나타난다.

낯설게 하기-뒤집기와 시적 상상력

'여름이 뜨거워서 매미가 운다'는 낯익은 문장을 보자. 낯설게 하기 1단계 P→Q로 나타내기를 적용한다. '여름이다→매미가 운다.' 그다음 낯설게 하기 2단계를 적용한다. 그 결과 Q→P 뒤집기 기술이 들어가면 갑자기 시적 비약이 일어난다. 안도현은 〈사랑〉이라는 시에서 이렇게 썼다.

여름이 뜨거워서 매미가

우는 것이 아니라 매미가 울어서

여름이 뜨거운 것이다

멋지지 않은가! 백석은 〈나와 나타샤와 흰 당나귀〉에서 '눈이 내린다→그리움과 사랑의 감정에 울컥한다'는 식상함을, '가난한 내가 / 아름다운 나타샤를 사랑해서 / 오늘 밤은 푹푹 눈이 나린 다'로 바꿔 버렸다. 이런 표현은 어제오늘의 것이 아니다. 연암 박지원도 친구에게 보낸 짧은 편지에서 거의 이와 같은 구조를 활용해, 기다리던 보름달을 못 본 서운함을 달랜다.

어제는 우리가 달을 저버린 게 아니라 달이 우리를 저버린 것이네.

물론 작가들이(루이스 캐럴이 '앨리스'를 쓸 때 그렇게 하지 않았듯 시인들이) 종이와 연필을 꺼내 문장을 줄이고 기호로 쓰고 뒤집어 보는 작업을 했을 리 없다. 설령 그랬더라도 그것이 이렇게 멋진 시를 만들어 낸다는 보장은 없다. 시는 문장의 골격을 갖고 이리저리 짜 맞추어 나올 수 있는 것이 아니기 때문이다. 그렇다고 해서 '낯설게 하기-뒤집기'가 시적 상상력과 무관하다고 성급하게 판단해서도 안 된다. 오히려 그렇게 형식의 틀에 얹혀 보는 것이 억지로 상상하는 것보다 100배 하고도 10배의 효과가 있다.

낯설게 하기-뒤집기와 개그

오래전 〈개그 콘서트〉 '박대박' 코너를 이끌었던 두 박씨 개그 맨은 '낯설게 하기-뒤집기' 기술을 자주 썼다. 사회자 역할을 하는 박1은 초대 손님인 박2의 논리적 함정에 번번이 빠져든다. 예를 들어 박2는 개를 친구처럼 생각한다면서 보신탕을 먹는다고 한다. 박1은 기겁을 하며 따진다. "아니, 친구처럼 생각한다면서 어떻게 보신탕을 먹을 수 있어요?" 이때 박2의 되물음이 압권이다. "그럼 넌 절교해서 닭튀김 먹냐?" 이 사례를 놓고 어떻게 낯설게 하기-뒤집기를 했는지 따져 보자. 먼저 기호로 바꾸면서 낯설게 하기를 시도한다.

x를 친구로 생각한다.	$P(x)$	x(개)를 친구로 생각한다.
x를 먹는다.	$Q(x)$	x(개)를 먹는다.
사회자 박1의 관념	$P(x) \rightarrow \sim Q(x)$	x(개)를 친구로 생각하면 x를 먹지 않는다.
뒤집기	$\sim Q(x) \rightarrow P(x)$	
논리적 등가	$\sim P(x) \rightarrow \sim\sim Q(x)$	
논리적 등가 초대 손님 박2의 논리 뒤집기	$\sim P(x) \rightarrow Q(x)$	x(닭)를 친구로 생각 안 하면 x를 먹는다.

표 4

결국 사회자 박1의 $P(x) \rightarrow \sim Q(x)$를, 논리적 등가를 이용해 두 번 비틀어서, 초대 손님 박2는 $\sim P(x) \rightarrow Q(x)$로 하고, 처음 개였던

x를 닭으로 바꿨다. 이렇게 되받아치는 순간 논리적인 비약이 일어나고 시청자들은 까르르 웃게 되는 것이다.

여기 x에 자유롭게 다른 생각들을 넣어 보거나 '친구로 생각한다' 대신 다른 관계를 넣어 보고, P와 Q를 엮은 논리 구조를 비틀어 보면 흥미로운 문장이 마구 쏟아져 나올 수 있다. 실제로 박대박의 다른 개그 구조도 대부분 이렇다. 물론 번쩍이는 두뇌를 가진 이 두 개그맨이 심각하게 앉아서 연필로 종이에 기호를 적고 계산해서 웃음을 창조해 낸 것은 아닐 것이다. (실제로 그랬을 수도 있겠지만.) 이들은 작가와 모여 앉아 말꼬리 잡기를 질리도록 해서 수백 개의 예제를 만들고 거기서 추리고 추려 낸 다음, 말이 가장 짧아질 때까지(그래야 시청자들이 논리적 비약을 맛볼 수 있을 것이다) 치열하게 연습했으리라. 자유롭게 생각 쏟아 내기, 끈기, 연습, 단순성이라는 창조의 원칙들을 관통해 가면서 말이다. 그런데 그 방법 말고 형식의 틀에 넣어 낯설게 하기-뒤집기를 적용하면 어떨까? 너무 따분할까? 그렇다면 기계에 그걸 맡긴 후 다른 창조적인 작업을 하다 돌아와 그중 잘 만들어진 몇 개로 연습에 집중한다면? 개그를 짜 내는 기계도 곧 나올 법하지 않은가?

낯설게 하기의 변용

흔히 기존 형식의 틀을 깨는 것이 상상력이라고 본다. 하지만 그와 반대로 형식의 틀에 철저히 얽매일 때 상상력이 자극될 수도 있다. 내용을 덜어 내고, 형식에 얽매이고, 그 형식 자체를 약간 변용해 보자. 뜻밖에도 내용에 대한 상상력이 증폭된다. 지금까지 P→Q로 낯설게 한 다음 Q→P로 변용하는 몇 가지 사례를 보았는데 유사한 변용 사례는 얼마든지 가능하다. 예를 들어 '나는 편지를 쓴다'를 '편지가 나를 쓴다'로 바꿀 수 있는 것이다. 〈식탁이 밥을 차린다〉라는 시에서 김승희는 '밥이 나를 먹고' '캘빈 클라인이 나를 입고' '길이 나를 걸어간다'같이 모든 것을 뒤바꿔 버렸다. 주어와 목적어의 흔한 관계를 뒤집은 경우다. 억지로 기호로 표시하자면 P(x)를 x(P)로 도치했다고나 할까. 문장을 형식만 남기니, 변용이 쉽다.

논리 놀이에서는 P와 Q의 도치만 가능한 게 아니다. 서정주는 '꽃이 핀다∧소쩍새가 운다'를 '소쩍새가 운다→꽃이 핀다'로 해서 P와 Q는 그대로 두고, 생각하기의 셈 ∧를 →로 바꿔 버렸다. 다시 말하지만 이런 단순한 연습만으로 '한 송이 국화꽃을 피우기 위해 봄부터 소쩍새는 그렇게 울었나 보다'는 시적 창조가 바로 일어나지는 않는다. 그러나 이런 시도가 상상력을 열어젖히는 첫 삽은 될 수 있다. 예를 들어 이런 생각은 어떨까?

P → Q	Q → P
다이어트하면, 건강해진다	건강해져야 다이어트한다
적이 경계심을 낳는다	경계심이 적을 낳는다
아름다워서 완벽하다	완벽해서 아름답다

이 방법은 실제 세계에서 큰 힘을 발휘한다. 구글을 세계 굴지의 기업으로 성장시킨 첫 발이 낯설게 하기-뒤집기다. 창립자 래리 페이지는 대학원 논문을 이렇게 시작했다. 보통 'P→Q:나는 무엇을 링크할까?'라는 평범한 사고방식을 뒤집어 'Q→P:나는 무엇에 링크될까?'라는 형태의 질문을 던진 것이다. 이 단순한 출발이 링크를 역추적해서 중요성이 높은 것부터 보여 주는 검색 엔진을 탄생시켰고 '구글 혁명'으로 이어졌다.

뮤지컬 〈맘마미아〉가 크게 성공한 계기도 그랬다. '좋은 시나리오가 있다→대중이 좋아할 만한 노래를 만든다'는 논리가 법칙처럼 통하던 때에 제작자 크레이머는 아바의 노래를 바탕으로 '대중이 좋아할 만한 노래가 있다→좋은 시나리오를 만든다'로 생각을 바꾸어 발전시켰다. 이 뮤지컬은 브로드웨이에 밀려 침체돼 있던 런던의 웨스트엔드를 다시 살아나게 했다. 여기서도 낯설게 하여 뒤집기의 법칙이 통했다.

글이 예상보다 길어졌다. 지금까지 우리의 여정을 돌아보면서 이 글을 마치려 한다. 처음 우리를 떠나게 한 것은 생각의 과잉이었다. 이것을 막으려고 생각 덜어 내기를 시도했고 한 발 더 나아가 형식적인 틀만 남을 때까지 계속했다. 그랬더니 비슷한 것 중에 가짜가 많다는 것이 적나라하게 드러났다. P, Q, →, ∧ 같은 기호들이 낯설어 딱딱한 느낌이 들었을 수도 있지만 이 딱딱함이 생각 다이어트를 가능하게 해 준다. 생각 다이어트를 하자 뜻밖의 도약이 일어난다는 사실을 알게 되었다. 같아 보이는 것 중 다른 것이 있다는 것을 참-거짓표를 증거 삼아 명명백백 드러냈더니 반대로 달라 보이는 것 중에 같은 것도 있었다. 이 발견을 발전시켜 생각을 계산해 내는 단순한 예도 보았다. 여기서 생각 덜어 내기는 다시 한번 도약한다. 낯익은 생각을 낯설게 하고, 낯설게 된 생각을 뒤집어 더 낯설게 하는 식으로 현실에서 무한히 변용될 수 있다. 이처럼 생각 다이어트는 생각의 골격을 드러내고 우리의 잠자는 상상력을 자극한다. 그것은 생각이 형식에 얹혔기 때문에 가능했다.

형식의 틀에 얹혀서 상상의 자유로움을 얻는 이 '생각 다이어트 프로그램'을 적용해 보고 싶지 않은가? 1년 동안 생각 10킬로그램 감량, 실패하면 전액 환불!

버스는 저절로
움직이지 않는다

11장

과정을 계산으로
전환하기

물방울 하나와 하나가 모여도 물방울은 여전히 하나다. 수로 나타내면 1+1=1이다. 그런데 수학은 1+1=2라고 한다. "예술에서 전문성과 대중성의 문제는 1+1=2와 같이 안 됩니다." 어느 문화 단체 대표가 라디오에서 한 말이다. 그런데 수학은 1+1=2를 견지한다. 별 우연이 다 있다. 이 방송을 들은 다음 날 신문에서 CEO 출신의 정치인이 이런 말을 한 것이다. "1+1=2만 되는 게 아니라 1+1=3도 되는 것이 경제입니다." 그런데 수학에서 1+1=3은 명백한 거짓이다. 조지 오웰은 《1984》에서, 도스토옙스키는 《지하에서 온 수기》에서 2+2=5인 세계를 언급한다. 현실은 다채롭고 역동적인데 수학은 1+1=2라고만 고집하는 것 같다. 갑갑한 수학 같으니!

학교에서 수학 배울 때를 돌아보라. 정말로 그렇다. 수학은 계산이고 정해진 대로 계산을 따르라 한다. 그런 계산법이 하늘의 명령이고 우리는 노예인 것처럼.

계산은 가장 비창조적인 행위일 뿐이다. 그런데 기계적인 계산기 같은 수학이 갈수록 널리 쓰이는 이유가 무엇일까? 수학으로 무장한 인공지능 로봇에게 체스 기사들이 두 손 든 지는 오래되었고 최근에는 바둑 최고수들도 나가떨어졌다. 계산이 스톱되면 전 세계 컴퓨터와 모바일 기기도 모두 즉시 스톱된다.

계산이 없으면 현대 문명은 1초도 작동할 수 없을 것 같다. 계산이라는 비창조적인 행위들이 어떻게 현대 문명을 탄생시킨 창조의 원동력이 되었을까? 이런 궁금증은 자연스럽게 계산의 본질을 다시 생각하게 이끈다. 하나의 현상을 이해하기 위해 그와 정반대 현상을 맞대어 보듯 나는 가장 비창조적이라는 계산에게 창조의 길을 물어보라 제안한다.

어디에나 계산은 있다

계산 하면 먼저 수식이 생각나는 게 인지상정이다. 하지만 계산이란 그 느낌만큼 간단하게 정의되지는 않는다. 수학에서도 계산이 무엇인지 말하는 방법은 여러 가지다. 어떤 이는 함수의 용어를 빌려 와 정의하고, 어떤 이는 가상 기계를 가정해서 정의한다. 우리는 여기서 계산을 엄격하게 정의하지 않고 느슨하게 받아들이기로 한다. 그렇다고 해서 아무거나 계산이라고 하면 말도 안 되는 결론에 도달할 수 있기 때문에 최소한의 조건은 정하는 것이 좋겠다. 나는 그 조건을 '기계적 절차'라고 제안하고, 이 글을 읽는 동안 독자가 그 제안에 동의해 주기를 바란다. (그러면서 계산이란 도대체 무엇일까를 따져 짧은 문장으로 써 보기를 권한다.)

'기계적 절차'의 핵심은 생각하기가 없고 시계태엽처럼 정해진 절차대로 째깍째깍 넘어가는 데에 있다. 뒤집어 생각해 보면 계산은 생각 비워 내기이며, 기계란 생각을 완전히 비워 내고도 맡은 일을 완수하는 도통한 물건이기도 하다. 사진 찍기, 전화하기, 메일 주고받기처럼 익숙한 일에 항상 계산이 따라다닌다는 사실을 먼저 눈여겨볼 필요가 있다. 피사체를 정하고 찍는 위치와 각도를 선정하는 것은 찍는 사람의 자유로운 선택이지만 사진기는 기계적인 절차를 따라 처리한다. 빛이 부족할 때 손을 미세하게라도 떨면 결과는 흐릿하게 나올 수밖에 없다. 빛이 기준보다 더 부족할 경우 사진은 아예 새까맣게 나와 마음마저 까맣게 타기도 한다. 전화기를 들고 누구에게 먼저 전화할지 정하는 행위는 자유지만, 번호를 눌렀을 때 신호음이 울리며 연결되는 것은 모두 계산 과정이다. 전화기를 매개로 대화를 나누는 동안에도 소리 정보는 수 정보로 바뀌어 쉴 새 없이 계산들이 이루어진다.

계산 과정은 차가운 기계 덩어리에만 따라다니는 말이 아니다. 버스를 타고 정해진 장소까지 가는 것도 크게 보면 계산 과정이다. 물론 운전기사는 어느 정도의 속도로 운전할지, 운전 중에 걸려 온 전화를 받을지 말지를 선택할 수 있다. 재수 없으면 사고가

날 수도 있지만 정해진 구간을 정해진 시간에 운행하는 시스템 자체는 계산 절차와 별로 다를 것이 없다. 무인 전철과 무인 자동차가 그 사실을 예증한다. 영국 수학자 앨런 튜링은 도심의 대중교통수단 시스템을 최초로 제안한 사람이다. 그는 계산이란 무엇인지 매우 단순한 방법으로 정의했고, 현대적 개념의 컴퓨터를 만들었고, 마침내 "생각은 계산이다"는 혁신적인 주장을 해서 파란을 일으켰다. ('계산은 생각이다'가 아니라 '생각이 계산이다'고 주장한 것이다!)

계산 절차는 일상생활에도 깊이 배어 있다. 나는 아침에 일어나 세수하고 옷을 갈아입고 일터로 나간다. 이 과정에서 샤워를 할지 세수만 할지, 물을 차게 할지 뜨겁게 할지, 머리를 왼쪽으로 빗을지 오른쪽으로 빗을지, 스카프를 할지 말지, 버스를 탈지 자가용을 운전할지 모두 자유롭게 선택하는 것처럼 보이지만 그것도 크게 보면 계산 과정일 수 있다. 이것을 극단적으로 표현한 것이 영화 〈성공시대〉의 주인공 김판촉이다. 팔 수 있는 것만이 아름답다는 인생철학으로 무장하고 성공을 향해 전진하는 우리의 주인공 김판촉은 아침에 일어나면 모든 과정을 정해 놓은 순서대로 한 치의 오차 없이 해 나간다. 코미디에서 빛을 발하는 안성기가 연기한 김판촉이 '출근'이라는 계산을 끝내는 마지막 행동은 냉장고에서 구두를 꺼내 신고 거울 앞에서 활짝 미소를 짓는 일이다. 그는 많이 파는 데 모든 창의력을 집중하기 위해 일상을 계산 과정으로 구성해 버린 것이다.

계산 과정은 개인의 생활에만 있는 것이 아니다. 기업의 큰 흐름도 계산처럼 엄정하게 흘러간다. 직장인들이 퇴근 후 술잔을 나누며 가끔 "나는 돈 버는 기계야"라고 자조 섞인 말을 내뱉는 것도 따지고 보면 허무맹랑하거나 염세적인 비유가 아니다. 기업 조직은 흐름이 있기 마련이고 계산 과정들이 그 흐름을 이어 간다. 일의 단계마다 이렇게 할까 저렇게 할까 하며 창의적으로 생각하는 기업은 거꾸로 비창조성을 견뎌 낼 수 없을 것이다. CEO가 효율적인 시스템을 만들고 각 부서원이 맡은 일을 하는 동안에는 창의적일 수 있지만 크게 봐서 전체 시스템은 계산 과정이 떠받치고 있다. 흐름이 물처럼 자연스럽다는 것은 일의 맞물림 부분에서 선택과 충돌이 적다는 뜻이다. 계산이 척척 맞아떨어지는 것이라고 볼 수 있다.

창조에 집중하기 위해 비창조적이 돼라

계산이란 한 단계에서 다음 단계로 생각 없이 이행하는 절차다. 기계로 대신할 만큼 생각을 없애고 풀어낼 수 있어야 계산다워진다. 따라서 더 비창조적일수록 더 좋은 계산이라 할 수 있다. 계산 어디쯤에 생각이 필요한 단계가 끼여 있다면 계산은 빠를 수 없고 정확성은 떨어진다. 더 비창조적이기 위해 더 치열하게 상상되어야 하는 것, 그것이 계산의 운명이다. 계산이 본연의 임무를 잘해 나갈수록 우리는 다른 창조적 작업에 집중할 수 있다. 김판촉의 아침 일상만 그런 것이 아니다. 단순하건 복잡하건 기대만큼 제대로 작동하는 사진기를 쓸 때 나는 피사체에 집중할 수 있다. 운전기사가 운전을 편안하게 해 줄수록 버스라는 고속 기계 덩어리에 실려 있다는 느낌을 갖지 않고 창밖의 풍경에 마음껏 젖을 수 있다. 일의 흐름도 마찬가지다. 반복되는 일들이 매끄러운 계산 과정으로 되었을 때 변화를 인지하고 변화를 창조하는 일에 집중할 수 있다.

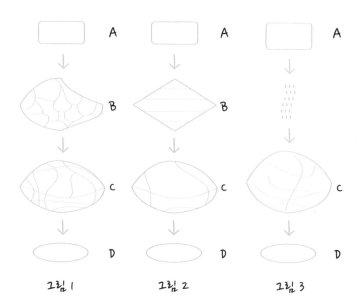

수학의 감각

〈그림 1〉처럼 A에서 시작해서 B와 C라는 중간 단계를 거쳐 D로 일이 진행된다고 해 보자. B와 C의 단계를 처리하는 데 선택할 것이 많고 복잡하게 얽혀 있다. 복잡하고 선택 상황이 많을수록 미묘한 욕망과 이해관계가 끼어든다. 이것이 반복된다면 비효율은 축적되어 감당하기 어려운 지경에 이른다.

비효율을 즐기는 게 아니라면 이 과정을 계산 과정으로 바꿀 수 있을지 점검해야 한다. 단계 B를 계산 과정으로 바꾼다는 것은 생각하고 선택하는 과정을 줄인다는 뜻이다. B단계가 계산으로 대체되면 복잡한 거미줄 모양에서 〈그림 2〉처럼 단순하게 바뀔 것이다. 좋은 계산 과정이라면 '생각하기'를 최대한 줄이고 거기에 끼어든 비효율을 최대한 정리시킨다. 따라서 B단계가 C단계에 미친 영향까지 제거하고 C단계도 단순해지도록 이끈다. B단계의 일이 '32를 21번 더하기'라고 가정하자. 계산 과정이 개발되기 전이라면 32를 21번 거듭 더해야 한다. 이 부분에 혁신이 이루어져 다음과 같은 3단계 계산 과정으로 대체되었다고 하자.

· 32를 쓴다: 세 줄을 긋고 조금 떼어서 두 줄을 긋는다.
· 21을 쓴다: 다른 방향으로 두 줄을 긋고 조금 떼어서 한 줄을 긋는다.
· 교차하는 지점의 개수를 세어 수로 표시한다.

초록 선이 21을, 까만 선이 32를 나타낸다. 교차하는 검은 점 6개가 600을, 초록 점 7개가 70을, 마지막으로 회색 점 2개가 2를

$$32 \times 21 = 672$$

그림 4

나타낸다. 답은 672다. 어린아이라도 할 수 있을 만큼 매우 단순하다. 세어 보기만 하면 끝이다. B단계가 계산 과정으로 바뀌었다. 이것은 과연 좋은 계산 과정으로 대체된 것일까?

32를 21번 더하는 것보다 좋아졌지만 한 껍질만 벗기고 보면 전혀 그렇지 않다. 3번째 단계가 꺼림칙하다. 왜냐하면 수가 선으로 바뀌면서 세 줄이 30을 뜻하는지 3을 뜻하는지 점을 셀 때마다 '생각해야' 한다. 풀어야 할 문제가 1998×987이었다면 어땠을까 상상해 보라. 수가 커질수록 여러 번 '생각해야' 한다.

직선을 긋고 점을 세는 단순한 행위지만, 그 점이 1000을 뜻하는지 100을 뜻하는지 10을 뜻하는지 생각하면서 해야 하기 때문에 헷갈린다. 게다가 수가 커질수록 헷갈리는 정도도 심해진다. 믿지 못하겠다면 지금 책의 여백에 1998×987을 이 방식으로 직접 풀어 보기 바란다. 곱셈을 계산 과정으로 전환하여 일부 혁신은 이루었지만 혁신은 불충분했다. 여전히 비효율 요소가 있고,

수학의 감각

수가 커지고 계산을 많이 할수록 비효율 요소는 빠르게 축적될 것이다.

계산도 도가 터야 계산다워진다. 계산이 스스로 도를 텄다는 것은 계산하는 사람의 머리에 자기 존재를 드러내지 않는다는 뜻이다. 그래서 계산은 사람의 머리에도 들어가고 차가운 기계 덩어리에도 들어간다. 만약 B단계를 계산으로 바꾸었다면 일은 작은 단위로 쪼개져 물처럼 순리대로 흐르면서 마무리된다. 그럼 B단계는 점점 더 투명해져 〈그림 3〉처럼 곧장 C단계로 넘어가게 된다.

이제 이전에 복잡했던 C단계도 차츰 다듬어진다. C단계를 계산 과정으로 바꿀 가능성도 커진다. 계산은 이처럼 불필요한 가지를 쳐 버린다. 이런 점에서 계산은 영화 〈와호장룡〉의 주인공들처럼 호수 위에서 튀어 올라 대나무 숲에서 칼춤을 추는 경공술 같은 것이다. 〈그림 2〉는 생각하는 단계를 철저히 줄이지 못하였으니 계산을 완성하지 못한 것이다. 경공술을 부리려면 더 연마를 할 수밖에 없다.

천재 발명가 니콜라 테슬라는 매 단계마다 끊임없는 시행착오를 거쳐 새로운 것을 발명하는 에디슨을 보며 안타까워했다.

에디슨이 사막에서 바늘을 찾아야 한다면 그는 꿀벌처럼 열심히 모래를 한 알씩 살필 것이다. 그런 모습이 참 안타깝다. 만약 그가 약간의 이론과 계산만 잘했더라면 그가 해야 할 노고의 90퍼센트는 아낄 수 있었기 때문이다.

테슬라

계산은 필요 이상의 노력을 덜어 내도록 도와준다. 그리고 남은 힘을 필요한 곳에 집중하게 한다. 즉 창조의 핵심 부분에 힘을 집중할 수 있도록 계산으로 바꿀 수 있는 부분은 바꾸도록 한다. 그러나 충분히 비창조적이어야 좋은 계산이다. 최대한 생각이 적어지다가 마침내 사라지는 단계에 이를 때까지 계산은 혁신되어야 한다. 혁신을 위해 계산을 하지만 계산도 혁신의 대상인 것이다.

계산을 혁신하라

계산은 가장 비창조적인 행위로 취급된다. 스위스 시계처럼 그 맞물림은 엄정하고 차갑다. 맞물림에 이상히 생겨 어딘가에서 삐끗하면 결과는 무용지물이 된다. 그래서 계산이란 답답하고 조심스럽고 비인간적이고 예술적 창조와는 정반대의 행위이며 상상력을 억제하는 적으로 비춰지기도 한다. 그러나 세상의 모든 계산은 한때 치열한 상상력의 결정체였다. 계산이 스스로를 혁신해 가

수학의 감각

는 과정을 보면 한 편의 대서사시를 방불케 한다. 모든 셈의 뿌리
는 덧셈과 곱셈이니 이것을 주인공 삼아 이야기를 풀어 가 보자.

덧셈

믿기 어려울지 모르지만 모든 계산은 덧셈과 곱셈, 이 2가지
기본 연산 위에 서 있다. 덧셈과 곱셈을 둘러치고 메치는 동안 새
로운 개념이 하나둘 보태지면서 계산이 이루어져 간다. a+b=c에
서 a와 b가 주어지고 c를 찾는 것이 덧셈이라면 a와 c가 주어지고
b를 찾는 것이 뺄셈이다. 또 a×b=c에서 a와 b가 주어지고 c를 찾
는 것이 곱셈이라면 a와 c가 주어지고 b를 찾는 것이 나눗셈이다
(여기까지를 4칙 연산 또는 대수의 4대 연산이라고 한다). c가 주어지고 a×
a=c라면 a는 $\sqrt{c}$ 이고 이것을 찾는 것이 근호 셈이다(여기까지를 대수
의 5대 연산이라고 한다). 현란한 미적분도 결국 덧셈과 곱셈 위에 서
있고 듣도 보도 못한 복잡한 수식이라도 잘 따지고 보면 덧셈과
곱셈 계산으로 대부분 환원된다. 덧셈과 곱셈은 수학 계산에서 공
기와 같다.

덧셈과 곱셈 중 더 쉬운 게 덧셈이다. 7+8을 하면 손가락을 하
나씩 꼽아 가다가 발가락의 도움을 받으면 된다. 17+18의 경우엔
발가락으로도 부족하다. 계산이 필요해졌다. 보통 다음과 같은 절
차로 한다.

· 마지막 자리인 7과 8을 칸을 맞춰 쓴다.

- 7과 8을 더해 나온 15 중 5만 크게 쓰고 1은 앞에 조그맣게 쓴다.
- 앞의 두 수 1+1에 조그맣게 써 둔 1을 더한다.
- 최종 결과 35라고 적고 끝낸다.

지금은 누구에게나 식은 죽 먹기인 이런 계산 과정은 사실 덧셈의 성질을 이용해서 아래와 같은 계산 과정으로 나타낼 수 있다.

$$17 + 18 = (10+7) + (10+8)$$
$$= (10+10) + (7+8)$$
$$= 10+10+15$$
$$= 35$$

괜히 복잡한 척한다고 느낄지 모르지만 이게 원칙적으로 맞다. 이 원칙을 계산 절차로 바꾼 것이 우리가 하는 덧셈이다. 덧셈이 지금처럼 간편해지려면 자릿수를 중시하고 숫자가 10개뿐인 십진법 표기 혁명이 먼저 일어나야 했다. 그 이전 사람들은 덧셈을 하기 위해 지금 우리보다 더 많이 알고 더 많이 생각해야 했다. 수 표기법이 충분히 단순해지자 덧셈도 충분히 단순한 계산 절차가 되었고 마침내 기계도 덧셈을 할 수 있게 된 것이다.

곱셈

그래도 덧셈은 곱셈에 비하면 쉽다. 곱셈을 지금처럼 꽃피우기 위해 수천 년에 걸친 창조의 시간과 치열한 경쟁이 있었다. 덧셈, 곱셈만 잘해도 먹고사는 데 지장이 없던 시대도 있었다. 그런 시대 사람들은 계산법이 어려워 계산 보조 도구의 도움을 받았다. 예를 들어 조선시대에는 셈을 하기 위해 작은 막대기가 한 묶음든 통을 들고 다니는 사람들이 있었다. 이들은 보자기를 사각형으로 펼쳐 놓고 암기한 곱셈 비법들을 흥얼거리며 막대기들을 분주히 옮기곤 했는데, 이건 아무나 못하는 일이었다.

〈그림 5〉는 조선시대 곱셈법 중 하나다. 이해를 돕기 위해 지금의 십진법 체계로 바꿔 썼다. 그림에서 볼 수 있듯이 표를 만들어 수를 쓰고 더하기를 반복한다. 987×1998을 할 때 첫 줄 오른쪽을 보면 7×8을 해서 56을 대각선으로 나눠 적는다. 이 원칙

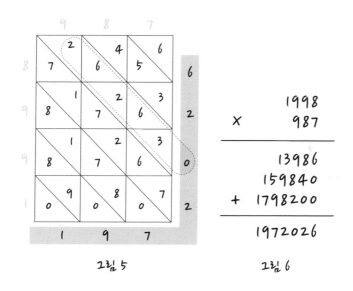

그림 5   그림 6

은 모든 경우에 적용된다. 987은 숫자 3개고 1998은 4개이니 총 12칸이다. 이 12칸만큼 소위 구구단이라는 곱셈표를 외웠을 것이다. 구구단을 외우는 방식도 '일일은 일'부터 '구구 팔십일'이 유행하던 때가 있었고 '구구 팔십일'부터 시작했다가 '일일은 일'로 내려오는 것이 유행인 때도 있었다. 12개의 네모 칸을 다 채우면 대각선으로 줄을 맞춰 실수 없이 덧셈을 해서 계산을 마무리한다.

지금 우리는 〈그림 5〉처럼 하지 않는다. 원리는 같아도 〈그림 6〉처럼 더 깔끔하게 한다. 〈그림 6〉에 숫자 5 하나만 표시했지만 '조그맣게 적어 두기'가 계속 적용된다. 〈그림 5〉 방법에서 오른쪽 위 구석의 5\6처럼 대각선 한쪽에 적힌 것이 '6은 크게 쓰고 5는 조그맣게 적어 두기'로 대체된 것이다. 지금은 이 방법을 주로 쓰는데, '긴 곱셈법'이라 불린다. 여러 곱셈 기술이 탄생 후 경쟁하다 어떤 것은 시간의 어둠 속으로 떠밀려 사라졌다. 마침내 다른 모든 발명을 제치고 '긴 곱셈법'이 곱셈의 왕좌에 앉았다. 특허가 있었더라면 긴 곱셈법 발명자는 세계 최고 부자가 되었을 게 틀림없다. 발명자가 누구인지는 모르지만 말이다.

이름이 따로 있다는 것은 다른 것과 분별할 필요가 있었다는 뜻이다. 즉 긴 곱셈법이 있다는 것은 다른 곱셈 기술도 이미 발명되어 있었다는 뜻이다. 〈그림 7〉은 긴 곱셈법을 변주한 것이다.

큰 수부터 곱셈을 한다. 1998에서 가장 큰 1000과 987을 먼저 계산해서 987000을 쓴다. 이 방법은 곱셈하는 과정에서 결과가 얼마나 클지 먼저 파악할 수 있다는 장점이 있다. 지금까지 말한

$$
\begin{array}{r}
1998 \\
\times \quad 987 \\
\hline
987000 \\
888300 \\
88830 \\
+ \quad 7896 \\
\hline
1972026
\end{array}
$$

그림 7

세 가지 방법은(〈그림 5〉〈그림 6〉〈그림 7〉) 저마다 장단점이 있지만 대동소이하다. 계산 과정이 모두 다음과 같은 기본 틀에서 벗어나지 않는다.

- 곱셈표를 12번 본다.
- 중간 과정을 기억한다.
- 덧셈을 해서 끝낸다.

〈그림 6〉이나 〈그림 7〉이 〈그림 5〉보다 보기에 낫다. 숫자가 커질수록 이 작은 차이가 계산 실수를 많이 줄이는 데 크게 기여할 것이다. 결국 더 혁신적인 계산법에 밀려 네모 칸 방법은 사라진다. 이제 놀라운 방법을 하나 보여 드리겠다.

987	1998
493	3996
246	7992
123	15984
61	31968
30	63936
15	127872
7	255744
3	511488
1	1022976
	1972026

그림 8

앞의 세 방법에 비하면 〈그림 8〉의 곱셈 기술은 뜬금없다. 왼쪽에 있는 수는 반으로 줄여 가고 오른쪽은 2배씩 늘려 간다. 고대 이집트에서 썼다는 이 방법은 언뜻 보면 불편해 보일지 모르지만 상당한 장점이 있다. 무엇보다 큰 장점은 곱셈표가 필요 없다는 것이다. 2배 늘리고 2배 줄이기만 하면 되니 그건 덧셈과 뺄셈으로 가능하다.

· 왼쪽 987의 반을 적는다. 1보다 작은 부분은 버리고 493을 쓴다.
· 오른쪽 1998은 2배인 3996을 쓴다.

- 이 과정을 왼쪽이 1이 될 때까지 한다.
- 최종적으로 왼쪽 줄에서 짝수가 있는 줄을 지운다.
- 오른쪽에서 지우지 않고 '남은 것'만 더한다.

　곱셈표를 참조하지 않아도 되는 것이다. 컴퓨터라면 곱셈표가 있는 메모리를 참조하지 않아도 된다. 곱셈표를 못 외운 시골 농부들이 오랫동안 즐긴 방법이어서 '농부의 곱셈'이라는 별명이 붙었다. 지금도 러시아 시골을 여행하다 보면 이런 셈을 하는 노인들을 가끔 만날 수 있다. 곱하는 수가 크지 않다면 쓸 만한 방법이다. 이론적으로도 흥미롭다. 과연 구구단을 외워 푼 것과 항상 같은 결과가 나올까? 왜 그럴까? 구구단을 외워 푸는 방법보다 빠를까, 느릴까? 그 경우 속도의 차이는 어느 정도일까? 계산의 논리적 구조가 다르니 물음표가 줄줄이 이어진다. 곱셈법 하나가 등장하자마자 창조성을 자극하는 문제가 우박처럼 우수수 떨어진다. 가장 비창조적인 행위가 창조를 자극하는 것이다.

　곱셈만 봐도 이러하니 더 현란한 기술이 필요한 나눗셈은 두말할 나위 없다. 오늘날 우리가 쓰는 긴 나눗셈법으로 혁신되기 전까지 나눗셈은 매우 난해한 셈이었다. 나눗셈법은 아랍인들의 손을 거쳐 완성되었는데 당시 유럽 사회에서 큰 사회적 이슈였다. '황금의 비법'이다, '악마의 도움을 받은 이교도들의 술책'이다 하면서 찬반이 극단적으로 엇갈렸다. 나눗셈은 지금도 어렵기는 하다. 나눗셈에 막혀서 영영 수학과 이별하는 아이들이 심심찮게 보일 정도이니 말이다. 그렇지만 오래전 부자 상인들이 나눗셈을 배우게 하려고 자식들을 유학 보내고, 철학자 몽테뉴도 나눗셈을 못했을 정도로 어려웠던 시절에 비하면 현재 나눗셈은 괄목할 만한 혁신의 성과물인 것이다. 어쨌든 인류는 어려운 과정을 계산으로 바꾸는 혁신을 이루었고 그 계산 또한 계속 혁신해 가고 있다. 지금도 더 좋은 곱셈과 나눗셈을 찾는 노력은 계속되고 있다.

숫자 표기의 혁신이 기본 셈의 혁신을 이루었듯이 작은 혁신이 밑거름되어 큰 혁신을 낳는다. 복잡한 과정을 단순하게 해서 창조에 집중하도록 하려고 수학은 계산을 창조해 왔다. 초고속 빅데이터 시대일수록 계산은 더 계산다워져야 한다. 일과 생활에서도 계산을 창조하고자 하는 사람에게 수학은 이렇게 조언한다.

- 복잡한 문제들에서 비슷한 것을 묶어 일반적인 절차로 나타낸다.
- 그중 계산으로 바꿀 수 있는 단계를 확인한다.
- 집중적으로 연구하여 그 단계를 계산 과정으로 바꾼다.
- 계산을 더 계산답게 만든다.

물론 일이나 생활의 모든 부분을 계산으로 바꿀 수 있거나 그래야 한다고 주장하는 것은 아니다. 뻐근하도록 팔을 돌려 갈아 마시는 비효율적인 커피 맛은 자동기계가 갈아 주는 맛과 다르고, 커피 전문점의 극대화된 효율적인 커피 맛과도 다르다. 비효율을 즐기느냐 효율을 즐기느냐는 취향의 문제다. 어떤 경우든 좋으나,

한번 상상은 해 보자.

　오래된 괘종시계가 있는 방에서 커피를 마신다. 때마침 시계가 울린다. 깊은 울림이 커피 향을 돋운다. 여유롭고 멋진 아침이다. 그런데 시계가 고장 나서 다시 제멋대로 울린다면 어떨까. 잔잔하던 마음의 평화는 사라지고 커피 맛도 달아난다. 하지만 시계 부품이 저마다 제자리에서 묵묵히 계산해 간다면 마음은 잔잔하고 커피 향은 은은할 것이다. 계산이 제자리를 잡고 계산이 제 기능을 할 때 상상의 공간은 넓어지고 창조의 향기는 오래 퍼질 것이다.

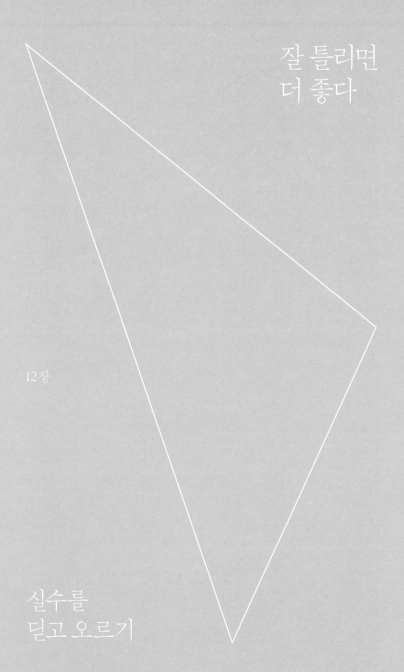

잘 틀리면
더 좋다

12장

실수를
딛고 오르기

기록으로 전하는 최초의 여성 수학자는 히파티아다. 그녀는 기원후 400년 전후에 살았고, 세계 문화의 중심지였던 이집트 알렉산드리아 사람이다. 대학자였던 아버지 테온의 배려로 지덕체 모든 분야에서 최고의 교육을 받았다. 히파티아는 아버지의 뒤를 이어 알렉산드리아의 대학자가 되었고 후학들에게 지혜의 샘이었다. 아버지 테온이 그녀에게 한 말은 지금까지 전해지고 있다.

너에게는 생각할 권리가 있다. 그 권리를 지켜 내라. 틀리게 생각하는 것이 오히려 아무것도 생각하지 않는 것보다 낫다.

그렇다. 아무것도 하지 않는 것보다 실수하는 것이 더 낫다. 실수해도 정성 들여 성과를 내놓으면 그것을 딛고 오를 수 있지만 우물쭈물 아무것도 하지 않으면 그 자리에 머물 뿐이다. 실수를 두려워하는 사람은 고삐에 매인 염소처럼 제자리를 맴돌 뿐이고 어떤 사회에서 실수를 포용하지 못한다면 그건 그 사회의 창조기반이 취약하다는 반증이다. 여기서 한 발 더 나아갈 필요가 있다. '실수해도 괜찮다'는 수동적 자세에서 '실수해야 좋다'는 적극적 자세로 전환하기 그것이다.

수학의 역사에서는 실수가 발전의 기폭제 역할을 했던 경우가 종종 있었다. 정답은 그 문제를 해결하는 동시에 쐐기를 박아 버릴 수 있지만 '잘 틀리는 것'은 생각의 빈 지점을 드러내기 때문에 상상력의 공간을 확보할 수 있게 한다. 살아가면서도 이런 경우를 종종 볼 수 있다. 어떤 질문을 던졌는데 한 사람이 쐐기를 박는 정답을 말해 버리면 더 할 이야기가 없어지는 반면 잘 틀려 주면 분위기는 역동적이 되고 상황을 더 면밀히 검토하게 된다. 틀린 사람 덕분에 함께한 사람 모두의 사고가 일제히 고양되는 것이다. 반대로, 그만큼 개인이나 조직이 실수하는 것을 두려워하면 상상력의 공간도 제한된다.

누적된 실수가 패러다임을 조금씩 업그레이드해 가는 현상은 수학에서 낯설지 않다. 버그가 쌓이면 낮은 버전의 프로그램은 수정되고 새 기능이 추가되어 더 나은 프로그램으로 진화한다. 결국 오류가 제때 드러나 수정될수록 시스템은 활기를 띠며 진화해 가기 마련이다. 《열린사회와 그 적들》에서 칼 포퍼, 《수학적 발견의 논리》에서 라카토스, 《수학과 그럴듯한 추론》의 포이어 같은 석학들이 줄기차게 전하려는 메시지의 핵심도 바로 그것이다.

모든 규칙성을 빼낸 곳에 규칙성이 남아 있을까

———

위대한 수학자들이 항상 완전하지는 않았다. 새로운 시스템으로 넘어가는 위대한 시점에서 그들은 종종 실수를 했다. 그런데 그들은 답이 완전하지 않을 때, 알면서도 실수를 두려워하지 않았다. 그리고 그 실수들은 오히려 풍성한 열매를 맺게 하는 밑거름이 되었다. 소수 연구에서 획기적인 전기를 마련한 페르마의 일화가 대표적인 예다.

소수란 다른 수로는 나뉘지 않는 수다. 2, 3, 5, 7, 11, 13, … 같은 수들이다. 쪼개질 수 없으니 다이아몬드처럼 단단하고 맑은 수다. 이러한 수를 인간이 안다는 것은 인간이 지성을 가지고 있다는 사실을 보여 주는 증거로 쓰여 왔다. 몇십 년 전 NASA에서 우주선을 날릴 때 외계 생명체를 위해 인간을 이렇게 간명하게 정의해 놓았다고 한다.

우리는 두 발로 걷고 남녀로 구분되어 있으며 호기심이 많다.

그리고 이어진 한 문장.

그리고 우리는 소수를 안다.

과학 소설이자 영화로도 만들어진 《콘택트》에서 외계 생명체
도 인류에게 아래와 같은 리듬으로 신호를 보내어 자신들이 지적
생명체라는 것을 알렸다.

쿵쿵 쿵쿵쿵 쿵쿵쿵쿵쿵 쿵쿵쿵쿵쿵쿵쿵 쿵쿵쿵쿵쿵쿵쿵쿵쿵쿵쿵 …
　2　　3　　　5　　　　7　　　　　　11

박동이 소수 단위다. 이런 박동들이 지금도 어디선가 오고 있
을지 모른다. 오늘날 소수는 신용카드를 비롯한 암호 체계에서 핵
심 역할을 하고 있다. 그래서 소수에 얽힌 비밀이 밝혀지면 신용
카드는 모두 새로 만들어져야 한다. 세계가 인터넷망으로 연결되
면서 보안이 중요해졌다. 보안은 암호화의 문제인데 암호는 소수
의 문제이므로 우리도 모르는 사이에 소수는 현대 사회를 떠받치
는 요긴한 역할을 하고 있는 것이다. 현대 사회의 기업과 정부가
소수의 성질을 파악하려고 애를 쓰는 것도 이 때문이다. 그런데도
소수는 좀처럼 자신의 성질을 드러내지 않는다.

수학을 알수록 소수는 더 신비롭게 보인다. 외국어를 공부할
때 어떤 외국어는 처음에 어려운데 그 지점을 넘으면 쉽게 습득
되는가 하면 어떤 외국어는 처음에 쉬운데 알수록 어려운 경우도
있다. 소수는 후자에 가깝다. 본론 전에 잠깐 소수와 만나 보자.

소수는 참 묘한 수다. 지금도 가장 신비한 수학의 영역에 속한
다. 그렇다고 해서 소수를 알기 위해 수학적 지식이 많이 필요한

　　　　　　　　　　　　　　　　　　　　수학의 감각

건 아니다.

먼저 1부터 100까지를 10개 단위로 끊어서 10줄 10칸의 정사각형이라는 틀에 담는다. 그중 2를 씨로 삼아 2의 배수를 규칙적으로 표시한 것이 〈그림 1〉이다. 질서정연하다. 〈그림 2〉는 3을 씨로 삼아 3의 배수를 규칙적으로 표시했다. 4는 이미 표시되었으니 건너뛰어 5로 넘어가자. 〈그림 3〉은 5가 씨이고 5의 배수를 표

```
 1   2   3   4   5   6   7   8   9   10
11  12  13  14  15  16  17  18  19  20
21  22  23  24  25  26  27  28  29  30
31  32  33  34  35  36  37  38  39  40
41  42  43  44  45  46  47  48  49  50
51  52  53  54  55  56  57  58  59  60
61  62  63  64  65  66  67  68  69  70
71  72  73  74  75  76  77  78  79  80
81  82  83  84  85  86  87  88  89  90
91  92  93  94  95  96  97  98  99  100
```

그림 1

```
 1   2   3   4   5   6   7   8   9   10        1   2   3   4   5   6   7   8   9   10
11  12  13  14  15  16  17  18  19  20       11  12  13  14  15  16  17  18  19  20
21  22  23  24  25  26  27  28  29  30       21  22  23  24  25  26  27  28  29  30
31  32  33  34  35  36  37  38  39  40       31  32  33  34  35  36  37  38  39  40
41  42  43  44  45  46  47  48  49  50       41  42  43  44  45  46  47  48  49  50
51  52  53  54  55  56  57  58  59  60       51  52  53  54  55  56  57  58  59  60
61  62  63  64  65  66  67  68  69  70       61  62  63  64  65  66  67  68  69  70
71  72  73  74  75  76  77  78  79  80       71  72  73  74  75  76  77  78  79  80
81  82  83  84  85  86  87  88  89  90       81  82  83  84  85  86  87  88  89  90
91  92  93  94  95  96  97  98  99  100      91  92  93  94  95  96  97  98  99  100
```

그림 2   그림 3

시했다. 6은 이미 표시되었으니 7로 간다. 이런 방식으로 하면 7 다음의 씨는 11이고, 그다음은 13이다.

이제 씨가 되는 수만 남기고 모든 규칙적인 리듬을 다 덜어 내면 어떻게 될까? 결국 2, 3, 5, 7, 11, 13, …라는 순수한 씨들인 소수만 남게 될 것인데, 과연 이 수들에 규칙적인 리듬이 있을까? 무엇이든 좋으니 소수를 모두 짚어 낼 수 있는 규칙성이 있을까?

〈그림 4〉는 왼쪽에서 오른쪽으로 자연수를 써 가면서 소수만 따로 표시한 것이다. 마땅한 규칙이 드러나지 않는다. 혹시 1을 왼쪽 끝에서 오른쪽으로 1씩 크게 써서 그랬을까? 자연수를 달리 쓰면 소수 자리의 규칙이 드러나지 않을까? 실험 삼아 〈그림 5〉처럼 중앙에 1을 쓰고 회오리 모양으로 돌아가면서 자연수를 쓰고 소수들을 표시해 봤다.

1	2	3	4	5	6	7	8	9	10
11	12	13	14	15	16	17	18	19	20
21	22	23	24	25	26	27	28	29	30
31	32	33	34	35	36	37	38	39	40
41	42	43	44	45	46	47	48	49	50
51	52	53	54	55	56	57	58	59	60
61	62	63	64	65	66	67	68	69	70
71	72	73	74	75	76	77	78	79	80
81	82	83	84	85	86	87	88	89	90
91	92	93	94	95	96	97	98	99	100

그림 4

100	99	98	97	96	95	94	93	92	91
65	64	63	62	61	60	59	58	57	90
66	37	36	35	34	33	32	31	56	89
67	38	17	16	15	14	13	30	55	88
68	39	18	5	4	3	12	29	54	87
69	40	19	6	1	2	11	28	53	86
70	41	20	7	8	9	10	27	52	85
71	42	21	22	23	24	25	26	51	84
72	43	44	45	46	47	48	49	50	83
73	74	75	76	77	78	79	80	81	82

그림 5

이런, 시도를 해 봤지만 별 소득이 없다. 모든 규칙성을 덜어 내고 남은 것들에서는 어떤 규칙성도 좀처럼 드러나지 않는다. 정말 규칙성이 영영 없는 것일까? 수를 다르게 써 보면 상황이 달라질까? 수를 충분히 많이 써 보면 좀 나아지려나?

수많은 사람이 이 보석같이 순수한 수들의 박동에서 규칙성을 파악하고 싶어 했다. 그것이 우주의 심장 소리라고 여겼기 때문에 설레는 마음으로 도전했지만 수백 년 동안 확실한 소득이 없다. 소수의 세계는 아직 인류가 범접할 수 없는 심연의 세계다.

실패는 죽지 않는다

그렇다고 해서 포기할 수는 없다. 소수 전체를 드러내는 리듬을 찾는 게 그리 어렵다면 그 대신 소수의 일부에 대한 리듬이라도 알 수는 없을까? 소수 연구에서 한 획을 그은 사람이 페르마다. 그는 대학 때부터 수학에 대한 관심이 남달랐고 재능 또한 뛰어났다. 법관이 된 뒤에도 홀로 수학의 세계를 탐험했고, 새로 발견한 것이 있으면 지인들에게 편지를 써 알렸다. 이들 중엔 그보다 10여 년 연상인 메르센도 있었고 20년 연하의 파스칼도 있었다. 데카르트, 라이프니츠, 뉴턴, 오일러 같은 '전문' 수학자들이 페르마에게 신세를 졌다고 할 정도로 그는 역사상 최고의 아마추어 수학자였다. 페르마는 미적분학, 기하학 분야에서도 공을 많이 세웠는데 특히 소수 탐구에서 독보적인 선구자였다.

그런데 이 정도로 위대한 수학자도 때로는 엉뚱한 실수를 한다. 소수의 리듬과 관련해서 이렇게 주장한 것이다.

$$2^{2^0}+1, \ 2^{2^1}+1, \ 2^{2^2}+1, \ 2^{2^3}+1, \ 2^{2^4}+1, \ \cdots$$

소수라는 보석을 모두 알아낼 리듬은 몰라도, 이 정도의 보폭으로 가면 항상 소수라는 보석만 만나게 된다는 뜻이다. 참으로 대담한 주장이다. 처음 몇 개를 풀어 써 보면 3, 5, 17, 257, 65537. 실제로 모두 소수다! 페르마는 여기까지 검토했다. 그렇지만 이 규칙으로 가면 〈그림 6〉에서 볼 수 있듯이 뒤로 갈수록 보폭이 급격히 넓어진다.

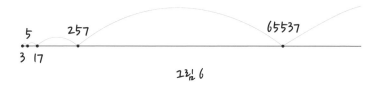

그림 6

65537 다음 수는 4294967297이고, 그다음은 20자리 수로 18경이 넘는다. 그 수가 소수인지 아닌지 검사하는 것은 거의 불가능해 보인다. 그런데 페르마는 무슨 근거로 이런 대범한 주장을 했을까? 그리고 과연 맞는 말일까? 페르마가 제시한 규칙으로 날아가듯 뛰어서 딛는 모든 수를 '페르마 수'라 부른다. 페르

마의 위대함을 감안하면 이 주장은 선뜻 반대할 수는 없는 추측이었다. 그렇다고 해서 선뜻 찬성할 수도 없었다. 페르마 수가 왜 항상 소수란 말인가. 근거가 약하다. 게다가 검토도 어려웠다. 4294967297만 해도 수가 너무 커서 그것이 소수인지 알기가 쉽지 않았기 때문이다.

이런 진퇴양난의 상황에서 100년쯤 지나 실수였다는 것이 밝혀진다. 그 사실을 밝힌 이가 바로 오일러다. 오일러는 잠들기 전 복잡한 곱셈을 거듭하며 머리를 맑히는 버릇이 있었고, 인류 역사상 계산이 가장 능했던 사람이다. 그가 세상을 떴을 때 프랑스 파리의 학술원에서 "오일러가 계산을 멈추었습니다"고 추모할 정도였다. 수에 대한 뛰어난 감각과 갈고닦은 계산 능력으로 오일러는 42억이 넘는 수 4294967297이 641과 6700417이라는 두 소수의 곱으로 쪼개진다는 사실을 밝혀낸다. 페르마는 3에서 시작해서 네 발자국까지만 소수를 딛고 5번째엔 헛디딘 것이다.

이것 하나만이 아니었다. 오일러로부터 다시 100년이 훌쩍 지나, 다음 페르마 수인 20자리 수도 소수가 아니라는 사실이 밝혀졌다. 그다음 페르마 수는 무려 39자리 수다. 이것이 소수인지 아닌지 알려면 계산 전문가인 컴퓨터의 도움을 받아야 했다. 그런 비현실적인 수를 검사했더니 그것도 소수가 아니었다. 그리고 이제는 얼마인지 이름도 붙이기 힘든 8번째 페르마 수도 소수가 아니었다. 오일러가 6번째 페르마 수를 검사했고, 그 이후에 지금까지 페르마 수 6개를 더 검사했으나 소수는 없었다. 결국 페르마는 한 번만 헛디딘 게 아니라 계속 헛디뎠던 것이다. 페르마 같은 위대한 수학자도 틀렸고, 게다가 틀린 것을 사실이라고 대놓고 말했다. 그렇다면 혹자는 이런 생각을 할 수 있다.

천재도 실수할 수 있지 뭐. 페르마 수만 폐기하면 되는 거 아냐? 관 속에다 넣고 이별을 고하자고. 페르마 수여, 안녕.

그러나 수학의 역사는 그렇게 전개되지 않았다. 페르마가 했던 실수는 죽지 않는다. 오일러의 다음 세대 천재 가우스가 이런 기묘한 형태의 수를 찬란하게 부활시킨다. 2000년 넘게 풀리지 않던 기하학 문제에 종지부를 찍는 역사적 현장에 이 수가 있었다. 가우스는 자와 컴퍼스로 만들어 낼 수 있는 정다각형은 정3각형, 정5각형, 정17각형, 정257각형이라고 밝혔다. 여기서 수만 끌어내보자.

$$3, \ 5, \ 17, \ 257, \ 65537, \ 4294967297, \ \cdots$$

아니, 이것은 페르마가 소수라고 주장했던 수들 아닌가! '어떤 다각형은 자와 컴퍼스로 작도할 수 있고 어떤 다각형은 작도할 수 없나?'라는 문제는 2000년간 인류의 지성을 시험해 온 문제 중의 문제였다. 그 문제가 풀린 것이다. 가우스는 말했다.

페르마 수로 된 정다각형은 '반드시' 자와 컴퍼스로 만들어 낼 수 있습니다.

게다가 프랑스 수학자 방첼은 그 역도 성립한다는 사실을 밝혔다. 즉, 자와 컴퍼스로 작도할 수 있는 다각형은 페르마 수로 된 다각형이다! 작도 가능한 정다각형 문제와 소수 규칙 문제는 전혀 다른 영역 같은데 예상치 않은 곳에서 만난 것이다. 이로써 페르마 같은 천재도 실수하는구나 하는 사례로나 남을 뻔했던 페르마 수들이 세계의 지성계를 흔들며 화려하게 부활했다.

수학의 황제 가우스가 "진정한 천재"라고 칭송했던 아이젠슈타인(물리학자 아인슈타인도 아니고 영화감독 에이젠슈테인도 아니다. 피아노 연주와 작곡에 탁월했던 요절한 수학자다)도 페르마의 실수에서 용솟음치는 샘물을 발견한다. 아쉽게도 서른을 못 넘기고 세상을 뜨는 바람에 결실로 이어지지는 못했지만, 그는 흥미로운 질문을 던졌다.

페르마 수 중 어딘가에 소수가 있긴 있는 것일까? 있다면 끝없이 많을까 아니면 어느 정도만 나오고 더는 나오지 않을까?

이 질문으로 페르마 수는 부활을 거듭하며 오늘날까지 수의 신비를 탐구하는 사람들의 관심을 받고 있다. 페르마의 말이 맞아떨어졌다면 오히려 지금 같은 풍성한 열매를 맺기는 어려웠을지 모른다. 또 실수라고 무시해 버렸다면 이 샘물은 영영 발견되지 않았을 것이다. '잘 틀린 덕분'에 그것을 딛고 창조의 광맥이 드러난 것이다.

잘 틀리기 위한 태도

다산 정약용은 "맹수 같은 기상"을 학자의 중요한 덕목으로 꼽았다. 이 기상은 무언가를 미친 듯이 원하게 하고 그런 타는 목마름이 물 한 방울의 진가를 알게 한다. 이 기상을 꺾는 것이 실수를 두려워하는 마음이다. 그러므로 맹수 같은 기상의 다른 이름은 실수를 두려워하지 않는 마음이다. 아인슈타인도 어이없을 정도의 초보적인 계산 실수를 종종 했듯이 천재 수학자들도 실수를 한다. 이들의 천재성은 실수를 두려워하지 않고 그것을 딛고 오르려는 맹수 같은 기상에 있다고 보는 것이 옳다. 앞에서 본 페르마만이 아니다. 아르키메데스, 뉴턴, 오일러 모두 그랬다. 자신들의 시도가 불완전하다는 것을 알면서도 밀고 나갔다. 때로는 '다른 방법보다 불확실하다고 말할 수는 없으니 내 방법이 괜찮다'는 묘한 논리를 펼치면서.

오일러의 경우를 보자. 오일러는 스위스에서 나고 공부했다. 아버지 친구이자 당대 최고 수학자였던 요한 베르누이에게서 수학을 배우고 일을 찾아 러시아로 떠난다. 이십 대 초반 때였다. 그러던 어느 날 우연히 스승의 형인 자코브 베르누이가 유럽의 학자들에게 공개한 수학 문제를 보게 된다. 어떤 규칙을 가진 분수들을 무한히 더했을 때 그 수가 어디에 당도해 있을 것이냐는 물음이었다. 그 글에는 "다른 문제는 우리가 풀었지만 이 문제는 좀처럼 풀리지 않습니다. 이 문제를 해결하시는 분은 저희에게 알려주시면 고맙겠습니다"고 덧붙여 있었다. 얼마 후 청년 오일러는 해답을 공개했고, 일약 세계적인 수학자로 떠오른다. 그러나 오일러의 해답에는 중대한 실수가 있었다.

이 상황을 이해하려면 설명이 조금 필요하다. 먼저, 아래 〈그림 7〉처럼 처음에 1발, 그다음은 $\frac{1}{2}$발, $\frac{1}{3}$발, $\frac{1}{4}$발씩 떼어 가는 걸음을 생각해 보자.

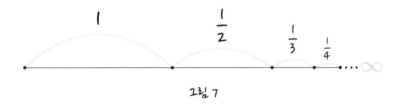

그림 7

우리가 아주 다리가 길어서 1발에 $1km$를 간다고 상상해 보면, 처음에 $1km$, 그다음에 $\frac{1}{2}km$이니 2발 만에 $\frac{3}{2}km$를 간다. 그다음에 $\frac{1}{3}km$ 보폭인 3발까지 가고 나면 $1 + \frac{1}{2} + \frac{1}{3}$이니까 $\frac{11}{6}km$ 지점에 이르렀다. 이런 규칙으로 끝없이 간다면 어디쯤 도착할까? 즉, $1 + \frac{1}{2} + \frac{1}{3} + \frac{1}{4} + \cdots$의 합이 무엇이냐는 질문이다. 증명이 어렵지는 않지만, 이야기 흐름을 방해하니 답만 말씀드리겠다. 답은 무한 지점이다.

당연하지 않나. '끝없이 가니까 당연히 무한이지'라고 답할 분이 있을지 모르겠다. 죄송하지만, 그렇게 간단하지는 않다. 걸음 횟수가 늘어날수록 보폭은 줄어든다는 게 문제다. 그리고 걸음 횟수가 무한이라면 보폭은 무한히 작아진다. 즉, 무한 개념이 개입했기 때문이다.

상황을 바꿔 이번엔 한 걸음 뗄 때마다 보폭을 '충분히' 줄인다고 해 보자. 예를 들어 〈그림 8〉에서 볼 수 있듯이 $1 + \frac{1}{2} + \frac{1}{4} + \frac{1}{8} + \frac{1}{16} +$ …로, 한 걸음 뗄 때마다 보폭을 앞발의 2배로 줄이면 어떻게 될까. 걸음 수가 무한이니까 답은 무한일까, 아니면 뒤로 갈수록 보

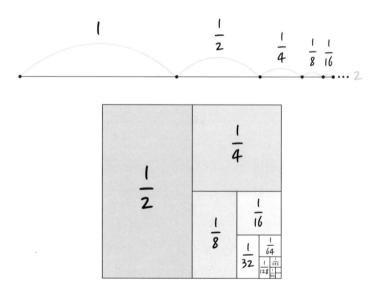

그림 8(위)과 그림 9(아래)

폭이 무한히 작아지니까 어떤 지점에 도달해 있을까? 이번에도 답부터 말씀드리겠다. 무한히 발걸음을 옮기면 결국 $2km$ 지점에 도달한다. 선뜻 믿기지 않겠지만 〈그림 9〉를 보면 직관적으로 이해할 수 있다. 이 그림은 $\frac{1}{2} + \frac{1}{4} + \frac{1}{8} + \frac{1}{16} + \cdots = 1$이라는 사실을 보인다. 반씩 계속 줄여 가되 계속 더하면 정4각형 1을 채우니까 말이다. 그래서 $\frac{1}{2} + \frac{1}{4} + \frac{1}{8} + \frac{1}{16} + \cdots = 1$, 이 등식의 양쪽에 1씩 더하면 2가 된다.

〈그림 10〉처럼 한 걸음 뗄 때마다 바로 앞의 보폭보다 4배씩 줄여 갈 수도 있다. 이때는 $2km$보다 훨씬 못 간 지점에 도달한다. 이 계산도 어렵지는 않지만 답만 말씀드린다. 답은 $\frac{4}{3}$이다.

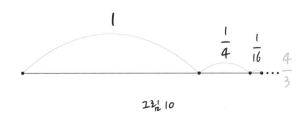

그림 10

수학을 좋아하는 사람들에게 이 정도는 대수롭지 않았다. 〈그림 11〉의 경우가 문제였다. 스위스 바젤에 있던 당대 유럽의 거장 베르누이가 긴급 구원 투수를 요청했던 문제가 바로 이것이다. 특별할 만도 했다. 다음 1발을 뗄 때 그 앞의 보폭에 비해 얼마씩 줄어드는가? 짐작이 잘 안 된다. 사소해 보이는 그 질문이 한창 역동적으로 발전하던 18세기 초반 유럽 수학계를 주춤하게 했다.

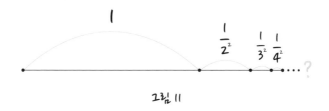

그림 11

〈그림 11〉에서 보다시피 $\frac{1}{1^2} + \frac{1}{2^2} + \frac{1}{3^2} + \frac{1}{4^2} + \cdots$을 구하라는 것인데, 어디 보자. 첫 발 떼면 $1km$, 2발까지 가면 $1.25km$, 3발까지 가면 $1.36111\cdots km$ 정도다. 계속 가면 $1.4236111\cdots$, $1.4636111\cdots$로 '조금씩만' 전진한다. 〈그림 9〉와 〈그림 10〉에서 보인 보폭들의 사이 어디쯤이니 무한히 계속 가면 $\frac{4}{3}km$는 넘고 $2km$는 못 간 어디쯤에 도달해 있을 것 같긴 하다. 그런데 구체적으로 어디일까? 러시아에 있던 오일러가 고향 바젤로 그 결과를 알려 왔다. 그가 제시한 답은 $\frac{\pi^2}{6}$이다. 유럽 수학계는 발칵 뒤집혔다. 이게 무슨 일인가! 지름 1인 원의 둘레의 길이이자 신비의 수인 π의 제곱이 분자에, 그리고 분모에는 완전수인 6이 나온 것이다. 왜 느닷없이 이 수들이 등장한 것일까? 증명을 이해할 수 있다고 해도 눈이 휘둥그레질 수밖에 없었다. 그러나 곧 "증명에 납득 안 되는 부분이 있다. 그래서 증명을 믿을 수 없다"는 비판이 잇따랐다.

사실 오일러 자신도 그것이 완전한 증명이 아니라는 사실은 깨닫고 있었다. 하지만 비슷한 다른 문제들과 견줘 보면서, 무엇보다 그렇게 아름답게 생긴 해답이 거짓일 리 없다고 믿었다. 그도 맹수 같은 기상으로 '이것이 아닐 수는 없다'며 과감히 전진한 것

수학의 감각

이다. 오일러는 그 뒤로도 이 문제로 다시 돌아와 다른 방식으로 풀었는데, 결과는 항상 $\frac{\pi^2}{6}$였다. 실수를 두려워했다면 그는 앞으로 나아갈 수 없었고 새로운 증명들도 나오지 않았을 것이다. 실수는 수정된다. 따라서 조금 불완전한 부분이 있더라도 전진해야 한다. "뚜벅뚜벅 전진하라. 저절로 눈이 열릴 것이다"는 교훈을 오일러 처럼 잘 실천한 경우도 드물다.

노년의 칼 포퍼는《삶은 문제 해결의 연속이다》에서 오류와 그 수정이 과학의 진보와 학습에서 가장 중요한 방법이라고 강조했다. 실수는 지극히 자연스러운 현상이다. 삶의 본원적인 것이기도 하다. 실수 없이 사는 건 실은 사는 게 아닌 것이다. 실수 없이는 삶의 진화도 없기 때문이다. 실수는 삶의 주춧돌이다. 가장 끔찍한 것은 실수에서 아무것도 배우지 않는 데 있다. 실수는 배우고 발전할 좋은 기회다. 실수는 발전의 디딤돌이다. 맹수 같은 기상으로 배우라. 틀려도 좋다. 아니, 잘 틀리면 더 좋다.

질문이
세상을 바꾼다

13장

직관
의심하기

자연은 위대한 창조의 결과물이다. 극한 자연 환경에서 살아가는 동물부터 길가에 돋아나는 풀에 이르기까지 자연의 모든 것은 생동한다. 씨앗에서 싹이 나고 줄기가 자라고 꽃이 피고 열매가 열린다. 그래서 창조 과정을 씨앗에서 열매에 이르는 연속적인 운동으로 형상화하기도 한다.

하지만 빠뜨리면 섭섭해할 것이 아직 남았다. 음습한 땅속으로 뻗어 내리는 뿌리가 그것이다. 겉으로 드러나지 않는다고 해서 뿌리를 잊어서는 안 된다. 뿌리를 빼놓고 창조의 과정을 총체적으로 봤다고 할 수는 없다.

우리가 무언가를 창조해 낼 때도 뿌리가 중요하다. 그 뿌리란 바로 '의심'이다. 그중에서도 '직관 의심하기'를 빼놓을 수 없다. 수천 년 전 '원의 지름이 원을 똑같은 두 쪽으로 쪼갠다'는 지극히 당연해 보였던 사실에 대해 "정말 그럴까? 왜 그렇지?"라고 의심을 품기 시작하면서 진짜 수학은 시작되었다. 의심은 수학의 힘이요, 창조의 원천이다.

당연한 것은 없다

"의심이 병"이라는 속담이 있다. 의심은 믿음의 부재에서 비롯된다. 내 마음에서 내보내면 남에게 상처를 주고, 마음속에 똬리를 틀게 놔두면 불이 되어 마음을 태워 버리니 그런 말이 나온 것일까.

그러나 칼도 불도 잘 쓰면 유용한 물건이듯 의심 또한 그렇다. 섣부른 직관을 의심하는 직관은 상상력에 불을 붙인다. 맛있는 요리를 위해 칼을 잘 써야 하듯 맛있는 생각을 위해서는 '의심하는 직관'을 잘 부려야 한다.

그렇다면 직관 자체는 의심할 수 없을까? 아니다. 직관은 언제든 우리를 속일 준비가 되어 있다. 옆의 그림들을 보자. 이미 있는 사각형을 잘라서 옮기는 동안 사각형들이 새끼를 치기도 하고, 어떤 부분은 사라지기도 한다.

〈그림 1〉은 작은 사각형이 모두 64개 모여 있는 그림이다. 이것을 잘라 옮겼더니 〈그림 2〉처럼 새끼를 쳐서 65개가 되었다. 이번엔 〈그림 3〉처럼 달리 잘라 보았더니, 잘라 옮기는 동안 〈그림

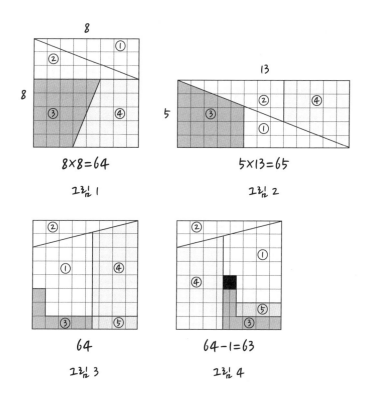

$$8 \times 8 = 64$$

그림 1

$$5 \times 13 = 65$$

그림 2

64

그림 3

$$64 - 1 = 63$$

그림 4

4)처럼 이가 하나 빠져 63개가 되었다.

중학교 아이들에게 이런 그림을 보여 주면 보통은 눈이 커지고 더러 탄성을 지르기도 했다. 왜냐하면 그 아이들 마음에 넓이란 어떻게 자르든 잘라 옮겨도 변하지 않는 것이라는 '논리적인' 직관이 자리 잡고 있기 때문이다. 이것을 '넓이의 보존성'이라고 하는데 심리학자 피아제는 이런 직관은 배우지 않아도 어느 정도 나이가 들면 '저절로' 생긴다는 사실을 밝혔다. 그렇다면 우리가 든 예는 눈이 판단한 직관과 넓이에 대한 직관이 충돌하는 사례다.

사실 이 사례는 엄밀하게 말해서 속임수다. 잘라서 다른 자리에 붙이는 동안 미세하게 오차가 생기는 것을 이용해서 만든 '마술'이다. 내가 이런 문제를 낼 때마다 "잠깐만요, 시간 좀 주세요" 하고는 기어이 이 속임수가 어디서 생기는지 밝혀내는 아이가 꼭 있었다(여러분도 한번 도전해 보시기 바란다). 마음의 눈인 논리를 써서 속임수를 밝혔으니 상황이 종료되었을까? 내가 보기에는 아니다. 다음과 같은 질문이 있기 때문이다. 논리는 충분히 믿을 만할까? 마음의 눈도 마음속에서 착시를 일으키지 않을까? 착시인지 아닌지 무엇으로 어떻게 알 수 있을까?

　　직관이 말하는 대로 따를 경우 어디까지가 참일까? 이런 문제에 대해 깊이 알려면 철학자의 지혜를 빌려야 할 테지만 그 길은 지금 우리가 갈 길이 아니다. 직관이란 의심받을 만하고 그래서 의심받아야 한다는 것이 지금 우리가 갈 길이다. 이 여정에 무엇을 준비할까? 다른 건 필요 없다. 주어진 대로 무조건 받아들이는 마음, 쉽게 '당연하지' 해 버리는 마음만 놓고 오면 된다. 마음이여 당연한 것은 없소이다!

'당연해' 바로 뒤에 물음표 붙이기

당연한 것은 없다고 여기는 것이 태도의 문제라면 그 태도를 적용하는 실행 지침은 물음표 붙이기다. '당연하지' 하며 마침표를 찍고 싶을 때 그 자리에 물음표를 붙이는 것이다. 직관을 의심하게 하는 몇 개의 수학적인 사례를 준비했다. 사례를 보면서 물음표 붙이기 습관을 길러 보자. 구체적으로 따지는 것은 다음 단락으로 넘겨 놓았으니, 여기에선 느긋하게 즐기기 바란다.

첫 번째 사례: 하늘을 나는 양탄자

'당연해'라는 마음을 덜어 내고 떠난 우리의 여행은 하늘을 날면서 시작된다. 마법에 어울리게 양탄자 모양은 한쪽 길이가 1인 정확한 정4각형이다. 그래서 넓이도 1이다(〈그림 5〉).

이 양탄자에 1만 명이 탔다. 아주 기분 좋은 여행이다. 그런데 한 심술궂은 마술사가 쫓아와 양탄자를 도려낸다. 그는 성격이 기괴해서 정4각형의 전체 넓이에서 정확히 $\frac{1}{4}$만큼을, 그것도 보기 좋게 십자형으로 도려냈다. 큰 사각형 대신 네 귀퉁이에 작은 정4각형이 넷 있는 도형이 되었다. 이런, 핀란드 국기랑 비슷해졌다(〈그림 6〉). 그래도 우리의 양탄자는 난다. 당연하다. 하지만 전체의

그림 5   그림 6   그림 7

$\frac{1}{4}$만큼의 동행자가 땅으로 떨어졌다. 마술사는 심술이 아직도 안 풀려서 다시 쏜살같이 날아와 양탄자를 같은 방식으로 도려냈다. 이번에는 처음 넓이에서 $\frac{1}{8}$만큼 덜어 냈다(〈그림 7〉). 또 수많은 사람이 깃털처럼 흩날리며 땅으로 떨어졌다.

그런데도 마술사는 멈추지 않는다. $\frac{1}{16}$, 그다음은 $\frac{1}{32}$, … 재미를 붙여 야금야금 계속 잘라 낸다. 양탄자에 탔던 1만 명은 어떻게 되었을까?

〈그림 8〉은 전체의 $\frac{1}{16}$을, 〈그림 9〉는 $\frac{1}{32}$을 잘라 내고 남은 그림이다.

그림 8   그림 9

마술사는 고작 4번 장난을 쳤을 뿐인데 $\frac{1}{32}$을 덜어 내니 남겨진 부분은 점처럼 되어 간다. 마술사가 백 번, 만 번, 아니 '끝없이' 계속한다면 양탄자들은 점이 되고, 급기야 부분이 모두 사라져 양탄자 넓이는 0이 될 것이다. 양탄자에 남아 있는 사람이 있을까? 당연히 있을 수 없다! 당연해…, 당연해?

두 번째 사례: 계단에서 미끄럼틀 타기

양탄자로 하늘을 나는 여행은 심술궂은 마술사 때문에 망쳤다. 땅에 떨어진 사람들은 아름다웠던 풍경이 그리워 멍하니 하늘만 올려다볼 뿐이었다. 보기 딱했다. 이때 이들을 위로하려고 마음씨 좋은 마술사가 펑 나타났다. 그는 하늘 높이가 되는 미끄럼틀을 타 보겠느냐고 제안했다. 사람들은 너나없이 환영하며 활기를 되찾았다. 마술사는 가지고 있는 끈을 모두 모으라고 했다. 다 모으니 길이가 1이었다. 땅부터 하늘까지 높이도 1이다. 그런데 우리의 마술사는 마음씨는 좋지만 마술을 충분히 익히지 못해서 정해진 길이를 늘이지는 못한다. 미끄럼틀 만들기는 쉽지 않아 보인다. 왜냐하면 〈그림 10〉처럼 끈을 걸어야 하는데, 땅 A지점과 하늘 B지점까지 가장 짧은 선인 직선으로 해도 경사인 빗변의 길이가 높이 1보다 길어질 수밖에 없기 때문이다. 〈그림 11〉처럼 가끔 구멍을 내 놓는 방법을 생각할 수는 있다. 이 정도는 우리의 마술사도 할 수 있지만, 양탄자에서 빠져 땅으로 떨어져 본 사람들은

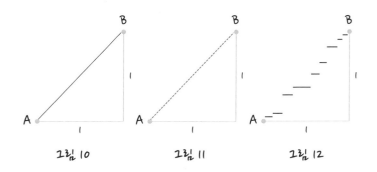

그림 10   그림 11   그림 12

이 방법에 손사래를 쳤다. 곰곰이 생각에 잠기던 마술사가 기막힌 방법을 생각해 낸다. 〈그림 12〉처럼 계단식으로 해 보는 것이다. 그렇다면 끈 길이의 합인 1과 계단의 디디는 면의 합이 1로 같아진다. 계단을 딛고 하늘로 간 다음 거기서 내려올 수도 있다.

그런데 이 방법도 채택되지 않았다. 엉치뼈가 약한 사람들이 거부했다. 계단에서 떼굴떼굴 구를 수도 있고 운이 좋더라도 쿵쿵 엉덩방아를 찧어야 하기 때문이다. 우리에게 아무리 시간이 많아도 길이 1인 끈으로는 미끄러지듯 하늘에서 내려오는 것이 불가능할 수밖에 없다. 합리적으로 생각하면 당연하지 않은가! 잠깐, 당연하지 않은가?

세 번째 사례: 끝없는 산책 길

시무룩해진 선량한 마술사는 하늘 공원을 산책한다. 하늘 공원은 완전한 도형인 원으로 되어 있다. 원이니까 구역의 넓이가 한정되어 있다. 그 안에는 산책 길이 있다. 처음 산책 길을 만들 때 이 길의 모양은 〈그림 13〉에 있는 것처럼 정3각형이었다. 그래서 어느 점에서 시작해도 한 바퀴 돌면 제자리로 돌아왔다.

그러자 한 마술사가 산책 길이 너무 단조롭고 짧아 산책하는 맛이 안 난다면서 길을 늘여 달라고 했다. 1년 뒤 〈그림 14〉 같은 산책 길이 만들어졌다. 반듯한 한쪽을 3등분한 다음 한 토막 더 넣은 것이다. 그러자 육각 별 모양이 되었다. 하지만 여전히 길이 짧다는 원성이 끊이지 않아 〈그림 15〉처럼 같은 일을 또 했다.

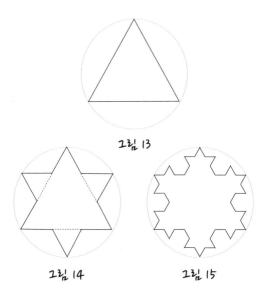

그림 13

그림 14　　　　그림 15

　　1년마다 같은 일이 반복되었고, 기억할 수 없을 만큼 많은 해가 지나 마침내 영원한 시간에 이른다. 그때 산책 길은 눈송이 형상일 것이다. 삐죽삐죽한 그 길을 따라가도 출발 지점으로 다시 돌아올 수 있을까? 하늘 공원의 넓이는 유한하고 그 안에 있는 길이니 당연히 돌아올 수 있다. 잠깐, 당연히라고?

3개의 사례에서 직관 의심하기

　　이 글의 첫 부분에서 보았듯이 시각 직관은 속임수에 취약하다. 그래서 우리는 논리 직관으로 앞의 3개 사례를 보았다. 언뜻 다 '당연해' 보인다. 그런데 정말 그럴까? 같은 예를 다른 관점에서 보자.

양탄자는 영원히 남아 있다

양탄자로 하늘을 나는 여행은 심술쟁이 마술사 탓에 망쳤다. 그런데 모든 이가 땅으로 떨어지는 것은 아니다. '끝없이 잘라 내 모든 부분이 사라지니 모두 떨어지고 말겠지'라고 직관은 속삭일지 모르지만, 전혀 그렇지 않다. 영원이라는 시간이 끝날 때까지 마술사가 계속 잘라 내도 직관이 말했던 것보다 많은 이가 양탄자에 남는다. 과연 얼마나 남을까?

그림 16

마술사는 처음 $\frac{1}{4}$을 잘라 내고 그다음에는 $\frac{1}{8}$, $\frac{1}{16}$을 잘라 낸다. 처음 잘려 나간 $\frac{1}{4}$을 다른 방식으로 표현하면, 전체 양탄자에서 오른쪽 귀퉁이 $\frac{1}{4}$을 덜어 냈다고 봐도 된다. 〈그림 16〉에서 가장 왼쪽 모양이다. 이어진 심술로 $\frac{1}{8}$이 사라졌으니 왼쪽에서 두 번째 그림이 남는다. 이 과정이 계속돼도 사라진 부분은 처음 정4각형의 반밖에 안 된다. 영원히 심술을 부려 봤자 양탄자는 반이 남을 수밖에 없다. 서둘러 재조립한다면 그 양탄자로 안전하게 여행할 수 있다. 양탄자를 타고 하늘에서 깃털처럼 내려앉을 수 있는 사람들이니 이 정도의 재조립은 대수롭지 않을 것이다. 사람들의 반은 계속 여행을 할 수 있는 것이다. 여러분의 직관은 모두 떨어진다 쪽이었는가, 아니면 전체의 반은 계속 여행을 한다 쪽이었는가? 아니면 제3의 판단을 했는가?

미끄럼틀을 탈 수 있다

미끄럼틀을 지레 포기한 것은 유감이다. 여행자들이나 선량한 마술사가 수학 공부를 더 했더라면 일이 아름답게 마무리되었을 텐데 아쉽다. 엉덩방아를 찧을 필요도 없고 구멍 난 곳도 없게 길이 1로 된 미끄럼틀을 만들 묘안이 있다. 아래 그림처럼 끈을 잘라서 재조립하면 된다. 〈그림 17〉은 자르기만 보인 것이다. 1단계에서 전체 길이 1을 3등분하면, 길이 $\frac{1}{3}$인 선이 3개 나온다.

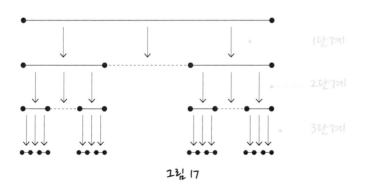

그림 17

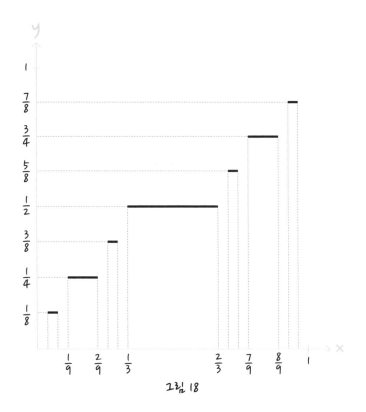

그림 18

　그중 점선인 선분 하나를 하늘과 땅의 중간인 $\frac{1}{2}$ 높이에 띄워 놓는다. 1단계가 끝나면 $\frac{1}{3}$ 길이를 가진 끈이 2개 남는다. 2단계에 선 이 2개를 다시 각각 3등분한다. 그러면 처음 길이의 $\frac{1}{9}$ 이 되는 끈이 6개 생긴다. 이 중 하나는 $\frac{1}{4}$ 높이에, 다른 하나는 $\frac{3}{4}$ 높이에 놓는다. 끈 두 개를 썼으니 끈 4개가 남았다.

　3단계에선 이 끈 4개를 각각 또 3등분한다. 하나의 길이는 $\frac{1}{27}$ 이고 모두 12개다. 이 중 4개를 중간중간인 $\frac{1}{8}$, $\frac{3}{8}$, $\frac{5}{8}$, $\frac{7}{8}$ 높이에 하나씩 놓는다. 여기까지 나타낸 그림이 〈그림 18〉이다.

수학의 감각

지금부터 격하게 상상해야 한다. 끈은 항상 남아 있고 그것을 $\frac{1}{3}$씩 줄인 것이 사이사이에 들어가면서 빈틈이 메워진다. 영원히 하면 빈틈이 완전히 사라져 엉덩방아 찧을 일도 없다. 높이가 $\frac{1}{2}$ 인 지점에서는 $\frac{1}{3}$ 길이만큼 평평하게 가고 어떤 데에서 '극히 미세하게' 아래로 미끄러진다. 평평하다가 내려오고 평평하다가 내려오니 더 재미있었을 뻔했다. 놀랍게도 이런 미끄럼틀을 만드는 데 쓴 끈의 길이가 고작 1이다! 이 추리가 옳은가, 아니면 처음의 직관이 옳은가? 아니면 제3의 직관이 있는가? (말이 되는 것도 같고 안 되는 것도 같다. 오죽했으면 이 미끄럼틀에 '악마의 계단'이라는 별명이 붙었을까.)

시작한 지점으로 되돌아올 수 없다

산책 길의 길이는 끝이 없다. 이상하다. 한정된 구역 안에 볼록 다각형을 만들었는데 길이에 끝이 없다니. 그렇지만 분명히 길이는 끝이 없다. 처음 산책 길을 만들었을 때 삼각형 한 변의 길이가 1이었다고 하자. 〈그림 19〉처럼 각 변을 3등분한 다음 중간 부분을 불쑥 솟아나게 한다. 이 단계를 마치면 매끈하게 길이 1이었던 변은 한 번 뾰족해지고 길이는 $\frac{4}{3}$이다. $\frac{1}{3}$이 4개니까 말이다.

같은 일을 또 한다. 이제 $\frac{1}{3}$인 매끈한 부분 하나하나가 뾰족해지고 $\frac{4}{9}$ 길이로 변한다. 그게 4개 있으니 처음에 길이 1이었던 부분이 $\frac{16}{9}$이 된다. 이런 식으로 계속하면 길이는 점점 길어진다. 한 없이 계속하면 끝없이 길어진다. 따라서 한 지점에서 출발해 그

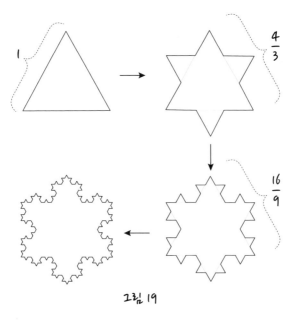

1

$\dfrac{4}{3}$

$\dfrac{16}{9}$

그림 19

자리로 돌아오려면 영원한 시간을 걸어야 한다, 한정된 구역 안에서!

　지금은 이런 기묘한 도형들이 제법 흔하다. 영화 〈007〉 시리즈 '카지노 로얄'의 오프닝 배경에 이런 도형들이 쓰였을 정도다. 그렇지만 20세기 벽두에 처음 이런 도형들이 등장했을 때 수많은 수학자가 말 그대로 경악했다. 끊긴 데가 없는 도형인데도 어느 점에서도 기울기를 정할 수 없었기 때문이다. 이 무렵 많은 수학자가 이런 기묘한 도형들을 찾아냈는데, 그중 〈그림 19〉는 워낙 특별해서 '코흐 눈송이'라고 불렀다. 코흐는 이 도형을 발견한 스웨덴의 수학자 이름이다.

　　　　　　　　　　　　　　　　　　　　　　　　　수학의 감각

평면에 코흐 눈송이가 있었다면 공간에도 이런 기묘한 도형이 있다. 〈그림 20〉은 나팔 모양이다. 미적분학을 써서 계산하면 나팔의 표면적은 무한이다. 넓이가 무한이니 이 나팔에 색칠을 하려면 우주에 있는 물감을 모두 모아도 다 칠할 수 없다. 그러나 이 나팔의 부피는 유한이다. 나팔 케이스에 나팔을 넣을 수 있으니까 말이다. 평면에서 코흐 눈송이는 넓이가 유한인데 길이가 무한이었고 입체 공간에서 이 나팔은 부피가 유한인데 표면적이 무한인 도형이다. 이 나팔 이름이 '토리첼리 나팔'인데, 이 사실을 처음 발견한 17세기 이탈리아 수학자 토리첼리 이름에서 따온 것이다. 시적인 느낌을 불어넣어 '가브리엘 대천사의 나팔'이라고도 한다. 심판의 날에 분다는 그 나팔이다.

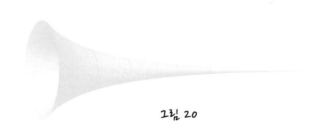

그림 20

직관은 '당연하다. 그냥 받아들이라'고 속삭이기를 좋아한다. 그러나 직관이 시키는 대로, 그래 당연해, 하다 보면 현실은 고착된다. 딱딱한 땅에 상상력은 뿌리내릴 수 없다. 동양 수학이 고대와 중세의 높은 수준에서 더 나아가지 못하고 변방의 변방으로 퇴보한 원인도 여기에 있다. 의심을 허락하지 않고 실용 기술을 발전시키는 데만 수학을 쓰려고 했기 때문이다. 상상력의 열쇠가 있어야 한다. 우리는 그것이 무엇인지 안다. '정말?'과 '왜?'에 붙어 있는 물음표, 그것이 창조의 광맥을 찾는 열쇠다.

　세상의 모든 수에 양수와 음수가 있듯이 상상력의 앞에도 플러스와 마이너스를 붙일 수 있다. 지금 무언가를 믿고 상상력을 발동시키기 시작했다면 그 앞에 플러스를 붙여 주자. 이런 상상력은 봄의 풀처럼 싱그럽게 줄기를 뻗어 나갈 것이다. 믿고 있는 것 자체를 의심하는 상상력에는 마이너스를 붙여 주자. 마이너스 상상력은 뿌리의 상상력이다. 땅, 그 음습한 곳에서 만들어지는 풍성한 것들을 자양분 삼아 안으로 더 깊이 스며들기 위해 물음표를 던지자. 뿌리 깊은 나무는 거대한 바람에도 쉬이 넘어지지 않는다.

수학의 감각

초판 1쇄 발행　　2018년 9월 5일
초판 5쇄 발행　　2022년 12월 23일

지은이　　　　　박병하

펴낸곳　　　　　(주)행성비
펴낸이　　　　　임태주

편집장　　　　　이윤희

출판등록번호　　제2010-000208호
주소　　　　　　경기도 파주시 문발로 119 모퉁이돌 303호
대표전화　　　　031-8071-5913
팩스　　　　　　0505-115-5917
이메일　　　　　hangseongb@naver.com
홈페이지　　　　www.planetb.co.kr

ISBN 979-11-87525-82-0 03410

행성B는 독자 여러분의 참신한 기획 아이디어와 독창적인 원고를 기다리고 있습니다.
hangseongb@naver.com으로 보내 주시면 소중하게 검토하겠습니다.

※ 이 책은 2009년에 출간된《수학 읽는 CEO》(21세기북스)를 새로 다듬어 펴낸 것입니다.

수학은 오래된 미래다.